乡村振兴实用技术培训教材

养鸽与鸽病防治

许　芸　苏应玉　主编

中国农业大学出版社
·北京·

内 容 简 介

本书内容涵盖了鸽子的起源、特性，鸽场的建设和经营，肉鸽的饲养管理和繁育，以及疾病和防治等内容，为广大养殖户和相关从业者提供了全面、系统且实用的知识。

本书内容丰富、实用，语言通俗易懂，既适合肉鸽养殖专业户、养殖场技术人员阅读学习，也可作为农业院校相关专业的教学参考用书。通过学习本书，读者能够掌握肉鸽养殖的核心技术和鸽病防治的有效方法，提高肉鸽养殖的经济效益和社会效益。

图书在版编目(CIP)数据

养鸽与鸽病防治 / 许芸，苏应玉主编 . --北京：中国农业大学出版社，2024.9

ISBN 978-7-5655-3114-9

Ⅰ.①养… Ⅱ.①许… ②苏… Ⅲ.①鸽—饲养管理 ②鸽—动物疾病—防治 Ⅳ.①S836 ②S858.39

中国国家版本馆 CIP 数据核字(2023)第 234231 号

书　　名　养鸽与鸽病防治

作　　者　许　芸　苏应玉　主编

策划编辑　康昊婷　　**责任编辑**　陈睿赜

封面设计　李尘工作室

出版发行　中国农业大学出版社

社　　址　北京市海淀区圆明园西路 2 号　　**邮政编码**　100193

电　　话　发行部 010-62733489，1190　　读者服务部 010-62732336

编辑部 010-62732617，2618　　出 版 部 010-62733440

网　　址　http://www.caupress.cn　　**E-mail** cbsszs@cau.edu.cn

经　　销　新华书店

印　　刷　天津鑫丰华印务有限公司

版　　次　2024 年 9 月第 1 版　　2024 年 9 月第 1 次印刷

规　　格　170 mm×240 mm　　16 开本　　11.75 印张　　185 千字

定　　价　39.00 元

编 委 会

主　编　许　芸　新疆农业职业技术学院

　　　　苏应玉　新疆农业职业技术学院

副主编　杨　丽　新疆农业职业技术学院

　　　　秦占科　克孜勒苏职业技术学院

　　　　李雪莲　新疆农业职业技术学院

　　　　王　胜　和田洛浦中等职业技术学校

参　编　魏莲清　新疆农业职业技术学院

　　　　张凯丽　新疆农业职业技术学院

　　　　王雪竹　新疆农业职业技术学院

　　　　阿斯亚　新疆农业职业技术学院

　　　　孜耐提　新疆农业职业技术学院

　　　　牛骁麟　青海农牧科技职业学院

　　　　霍喜强　青海泰和源农牧科技有限公司

主　审　季建莉

前　言

改革开放以来，我国养殖业发展非常迅速，肉、蛋、奶、鱼等产品产量稳步增加，在提高人民生活水平方面发挥着越来越重要的作用。同时，从事各种养殖业已成为农民脱贫致富的重要途径。党的二十大报告指出："发展乡村特色产业，拓宽农民增收致富渠道。巩固拓展脱贫攻坚成果，增强脱贫地区和脱贫群众内生发展动力。"

随着我国农业经济结构调整的进一步深入，人民生活水平不断提高，膳食结构逐渐改变，特别是对肉食种类及质量的要求已开始由过去的温饱型转向集营养、口味和保健于一身。肉鸽养殖因其饲养周期短、投资少、经济效益高，受到了广大养殖户的关注。肉鸽作为一种特种经济动物，其营养价值很高，具有高蛋白、低脂肪的特点，各种维生素、矿物质的含量也非常丰富，比其他肉类更适合人体的需要。鸽肉既是名贵佳肴，又是高级滋补品。从肉鸽养殖特点来看，它投资少，占地少，对养殖条件的要求不高，饲料和种鸽容易购得。因此，肉鸽养殖备受广大养殖户的青睐，目前已成为广大农村调整产业结构和农民脱贫致富的好项目。

就目前我国肉鸽养殖业生产状况来看，虽然有少数投资者在国内投资建设了一些规模化肉鸽养殖场，硬件设施上去了，但普遍缺乏技术熟练的人员，生产模式依然陈旧，饲养管理跟不上，好的设施起不到应有的作用，经济效益不理想。本书以我国目前肉鸽养殖现状为背景，以健康饲养为基本出发点，考虑到广大饲养者的技术需要，吸收了畜禽健康饲养技术的一些新成果，融入了一些编者养鸽的经验，旨在让广大肉鸽养殖场（户）了解并掌握高效肉鸽养殖的新技术，提高我国肉鸽养殖的科学技术含量，提高养殖效益。本书的主要内容包括鸽场建设与环境控制，肉鸽品种，繁育技术，营养需要和饲料，饲养管理，以及疾病防治。本书内容丰富、技术实用、可操作性强，相信一定会给广大的肉鸽养殖场(户)带来帮助，同时也会为从事该行业的研究人员、专家提供必要的参考。

需要特别说明的是，本书在进行成本核算和经济利润核算时所用到的金额仅供参考，要以当地的实际价格为准进行换算。药物及其使用剂量仅供读者参考，不可照搬。在生产实际中，所用药物学名、常用名和实际商品名称有差异，药物浓度也有所不同，建议读者在使用每一种药物之前，参阅厂家提供的产品说明以确认药物用量、用药方法、用药时间及禁忌等。

由于参考资料有限且时间紧迫，书中难免存在不足之处，恳请广大读者和同行提出宝贵意见，以便不断完善，在此致以诚挚的谢意。

编　者

2023 年 10 月

目　录

项目一

肉鸽概述

任务1　认识肉鸽

一、家鸽的起源与分类

家鸽在动物分类系统中属于脊索动物门，鸟纲，鸽形目，鸠鸽科，鸽属。家鸽由野鸽经人类长期驯养而来。鸽子的驯化起始于欧洲，至今已有5 000多年的历史，早在古希腊时代和古罗马时代，就已经有关于驯化和饲养鸽子的记载。同时，还有很多关于家鸽重新野化的报道。世界不同地区的野鸽经过人们不断地驯化、选育形成了不同的家鸽品种，按用途可分肉鸽、竞翔鸽和玩赏鸽三大类。肉鸽体形大、肉质美、营养价值高、饲养方便、繁殖快，是供人佐餐的滋补食物。竞翔鸽有强烈的归巢欲和快速的飞翔力，人们利用该特性组织体育竞赛。玩赏鸽以奇丽的羽毛和各种表演技巧见长，是供人娱乐的宠物。

二、鸽的特性

1. 外部形态

(1)鸽的体形：鸽体呈流线型，羽毛都向后延伸，这与适应野外飞翔和减少阻力有关。肉鸽由于长期家养，经过人工选育，飞翔能力大大下降，体形也发生了相应变化，与信鸽的体形有明显不同。信鸽的体形呈纺锤形，标准体形是：站立时，或尾羽翘起与地面平行，或尾羽下垂与地面呈45°，但不擦地面。而肉鸽的明显特征是体重增加、体形较短，较其他类型鸽子显得短横粗壮，胸宽而肌肉发达，颈粗背宽。

（2）鸽的身体结构：鸽身体可分为头部、颈部、背部、胸部、翼部、腰部、腹部、腿部和尾部九大部分。

2. 羽毛特征

羽毛是着生于鸽皮肤毛囊基部的皮肤衍生物，由角蛋白等组成，被覆于体表，具有调节体温、保护皮肤及飞行、防水等功能。

（1）羽毛类型：羽毛依据其结构和作用分为正羽、绒羽、丝羽等。

①正羽：正羽是着生在鸽体表的大片羽毛，由中央的羽轴和两侧扁平扩展的羽片组成，羽轴下段深入皮肤毛囊中的为羽根。根据着生部位不同，正羽可分为飞翔羽和体羽，着生于翼部的为翼羽，着生于尾部的为尾羽，覆于背、腹的为覆羽，遮于耳孔的为耳覆羽。

②绒羽：绒羽在正羽下方，鸽体两侧的绒羽特别多，呈棉花状，构成松软的保温层。绒羽的结构特点是羽轴纤细，羽小枝上的羽小钩不发达，从而不能形成坚实的羽片。乳鸽的绒羽不具羽小枝。

③丝羽：丝羽又叫纤羽，外形如毛发，杂生在正羽和绒羽之中。不同品种肉鸽的丝羽数量和长度都是不一样的。

（2）羽色：鸽的羽色多种多样，肉鸽的羽色以白色为主，故有些地方俗称鸽为“白鸽”；其次为银灰色、黑色、红绛色等。

3. 行为特点

（1）采食行为：鸽用喙啄食谷物籽实，不能一次直接吞咽，必须“倒口”。如果饲料颗粒过大，倒口时常使食物掉出槽外，造成饲料浪费。所以，为便于鸽采食和减少饲料损失，鸽饲料宜选用扁圆形小颗粒籽实。成年肉鸽每只每天需采食50～60 g饲料，通常情况下成鸽采食集中于饲喂之后，每次采食8～12 min。

（2）饮水行为：健康鸽每天饮水量在60～130 mL，随气温变化而异。肉鸽饮水不同于鸡，它是把喙深入水杯的水中向上吸饮，一般吸饮1～2次即可完成饮水。鸽常在采食之后饮水，哺喂乳鸽的亲鸽必须在饮水之后才能吐得出鸽乳哺喂乳鸽。出壳至25日龄的乳鸽没有采食及饮水能力，由亲鸽哺喂完成。

（3）睡眠与休息：肉鸽和鸡、鸭等家禽一样，多数是白天活跃，晚上休息。但肉鸽喜欢在高而安静处休息，休息时多采用蹲伏或单腿站立，缩颈闭眼入睡。鸽子睡眠很轻，稍有动静，即刻惊醒。

(4)洗浴行为：肉鸽素有水浴和沙浴的习惯，在散养形式下，即使在寒冷的冬天，它都会定期水浴、沙浴。因此，散养鸽群有条件的应设立水浴池和沙浴池，以利于鸽群健康。

(5)争斗行为：肉鸽常因争配偶、争食、争巢、争地盘等而争斗，表现出攻击、斗架、躲避、逃跑、顺从等行为。群居的肉鸽，特别是进入繁殖期后，雌、雄鸽均有强烈的保卫领域行为，在自己的巢窝周围不允许其他鸽子靠近，一旦有外来者，雌、雄鸽都会不客气地将其赶走。肉鸽一旦配对成功，雌、雄鸽就会共同营造自己的“小家庭”。“小家庭”建立后，一是不允许外来者侵入，二是严禁“第三者”插足，一旦发生此种情况，雌、雄鸽都会拼死相斗。鸽对自己的巢有强烈的占有欲，常因争巢求偶而引起暂时性斗殴或驱逐对方的行为。

(6)性行为：肉鸽的性行为包括求偶行为、交配行为和繁殖行为。

(7)飞翔与归巢行为：肉鸽经过长期人工选育饲养，飞翔能力较信鸽相差甚远，高不过 10 m、远不过 100 m。肉鸽的辨巢和归巢性不及信鸽，但仍然存在。

(8)异常行为：异常行为是对鸽精神与身体有害，非正常生理活动所必需的行为，这种行为的发生与鸽的禁闭饲养、过多的刺激、高强度的生产及不适宜的环境条件有关。最常见的异常行为是啄癖，这种恶癖在任何年龄中均可发生。其他异常行为如来回踱步、狂暴理羽等，多发生于争斗或打败后，精神异常所致。

4. 行为表现

鸽常会因养鸽者平时施加给鸽的经常性动作而形成一些独特的行为表现。养鸽者必须在日常饲养管理中根据鸽的各种表现，了解肉鸽的欲望和要求，从而改进和完善饲养管理。

(1)饥饿：肉鸽头、眼动作敏捷，四处觅食，啄食泥沙、杂物充饥，不顾一切地飞到饲养者身上索食。

(2)吃饱：鸽缩头收颈静卧，用喙啄理全身羽毛，两眼显疲乏，翼、尾收缩。

(3)想洗澡：鸽在饮水器或水坑周围不断用喙啄水梳理、湿润羽毛。下雨时展开全身羽毛，任凭雨淋并频频抖动身体，做洗澡状。

(4)愉快:鸽昂首、挺胸,展翅、伸腿,两眼有神,用嘴理毛,阔步行走,互相嬉闹。

(5)发情:雄鸽追雌鸽,时时点头,颈羽蓬松,尾羽和翼羽擦地行走,鼓起颈部,不断从喉部发出“咕咕”求爱声,在雌鸽周围转来转去。雌鸽在雄鸽求爱时反复低头、抬头,表示同意雄鸽的求偶,并有展翼拖尾等动作,从开始避让到半推半就,最后蹲下接受雄鸽交配。

(6)悲哀:鸽不愉快时,缩颈垂头,精神委顿,频频发出哀鸣声,睡眼惺忪,羽毛蓬松零乱,常在僻静角落蹲伏,站立时瑟瑟发抖,这些表现常多源自丧偶和丧失幼雏。

(7)疑惑:鸽感到疑惑时,会突然伸颈抬头,不断东张西望,带有紧张情绪。

(8)惊吓:因突然受惊等原因,鸽发出急促的“咕咕”声,做出飞逃准备或展翅急飞。

(9)有病:有些表情与悲哀相似,不思饮食,步履缓慢,垂翼,食欲缺乏。

5. 生活习性

家鸽是由野鸽在进化过程中经过自然选择和人工选择而逐渐形成的。许多鸽有它固定的习性和特征。只有充分了解、熟悉鸽的生活习性才能养好鸽。

(1)群居性:肉鸽喜欢群居生活,肉鸽虽然是舍饲,但也表现出群居性,群养时,吃食、饮水一般不会相互争斗,也很少发生争巢现象。肉鸽对自己的巢有强烈的占有欲,视一定区域为自己的领地,同时也极为尊重别的肉鸽的领地。肉鸽在散养情况下具有良好的合群性,喜欢群居、群飞、集体觅食,舍养时数十对至上百对一起吃食、饮水、休息,不会相互打斗,平安无事。个别鸽子走散后也会尽快加入新的群体。

(2)以素食为主:鸽无胆囊,一般情况下以植物性饲料为主,喜食粒料、豆类,如绿豆、赤小豆、玉米、小麦、高粱、稻谷等。鸽没有吃熟食的习惯,但也会适应熟食。鸽在自由采食情况下很少采食动物性饲料和粉料,对青绿饲料和沙粒也比较喜爱。用豆粕、棉粕及鱼粉等制成的颗粒饲料饲喂肉鸽能获得非常好的饲喂效果。

(3)固定单配偶行为:肉鸽是单配偶生活的鸟类,而且是固定单配偶(一只雄鸽配一只雌鸽)。肉鸽孵出后,经4～6个月的生长发育,便进入性成熟阶段,开始配偶、繁殖。配对后,定下终身,感情专一,营“一夫一妻”共同生活,平时雌雄不离，飞鸣相依，可以几年如一，“白头到老”。当配对鸽重新结合时，最好单独隔离 1 周后再在新窝重组配对。如果一方死亡，最好将此肉鸽移至新窝另觅鸽配对，否则在原窝，存鸽会较长时间怀念亡鸽，影响配种、产卵，这是鸽子的恋巢、恋偶特性。

(4)嗜盐性强：野生原鸽生活在海边，常饮海水，形成嗜盐的习性。经过长期驯养的肉鸽，仍保留这种习性。饲养时，可在保健砂或水中加入适量的食盐，以满足其需要。每只成鸽每天食盐需要量约为 0.2 g，盐分过多会引起食盐中毒。

(5)耐寒抗热：野生原鸽长期群居在气温变化极大的海边，这使它拥有较高体温。体表上羽毛结构使它能抵御严寒，在－30 ℃也不需要保温设备；而天热时，它松开羽毛，自我调节体温，哪怕是高温 40 ℃，鸽子也不需要降温，这是鸽子特具的抗寒耐热性。相比较而言，肉鸽对寒冷的抵抗力比对高温抵抗力强。虽然鸽能在－40 ℃气温下生存，但冷热产生的效果大不相同。鸽散热性能较差，高温环境会使其呼吸急促、羽毛脱落、食欲缺乏，持续时间过长则会引起绝食，最终因营养供给不足、抗病力下降而死亡。

(6)记忆力强：鸽的记忆力很强，包括对鸽舍、巢窝的记忆，对配偶的记忆，对颜色的识别与记忆，对饲养员的记忆，对呼叫信号的记忆等。饲养管理中利用鸽记忆力强的特性，建立良好的采食条件反射，便于集中投饲、集中管理、简化操作、节省人力。

(7)警觉性高：鸽有较高的警觉性，对异常的情况十分敏感，笼养种鸽应特别注意笼舍环境的安静和安全。在家养条件下，如果鸽的巢箱设置不当，经常受到鼠、猫等的侵扰，鸽便不再回巢，宁愿夜间栖于屋檐或外栖架上。如果经常引起鸽群惊慌骚乱，鸽就显得不安。尤其夜间若有点响声，鸽就会警觉惊慌。

(8)适应性强：鸽的适应性很强，包括对地域、气温、湿度、海拔、饲料种类、饲养方式等各方面。但环境发生变化时，应遵照循序渐进的原则，最后使其达到完全适应。

(9)爱清洁，喜干燥：肉鸽喜欢清洁、干燥的环境，不喜欢接触粪便和污土，即使是乳鸽也绝不将粪便拉在巢内。鸽不怕高温与低温，最怕潮湿闷热不洁的环境。工厂化笼养亲鸽，应保持笼舍清洁干燥，通风良好，减少疾病，加强管理，促进其生产潜能的发挥。

(10)喜静怕惊：鸽是一种灵敏性较高的动物，对周围环境的改变比较敏感，要求比较安静、舒适的环境，鸽场内建筑物一般不宜经常变动，应相对稳定。肉鸽对周围环境的色调要求清淡，以白色、乳黄、浅绿为好，对红、黑、蓝色特别厌恶，易处于恐惧状态，对肉鸽的生产极为不利。

(11)雌、雄鸽有同心协力精神：鸽在筑巢、孵化、育雏上都能表现出同心协力精神。鸽一经配对后，临近产蛋时，就会找一个幽静偏僻的暗处筑巢，雄鸽到处寻找筑巢材料，供雌鸽编织巢窝。等蛋产出后，由雌、雄鸽轮孵，这一点与其他家禽不同。鸽的孵化期为 18 d 左右，超过这个时间不出幼雏，它们就放弃旧巢，另寻新巢产蛋再孵。故而在人工养殖时，超过规定孵化期后应及时拿出不会出雏的蛋，以便让鸽及时产蛋。刚出壳的乳鸽不能行走觅食，由雌、雄鸽共同产生鸽乳，用嘴对嘴的方法哺育乳鸽。养鸽宜采用自然孵化和自然育雏方法。

(12)感情丰富：鸽是一种感情丰富的动物，高兴时会在地上快速拍动双翼，腾空起舞；发怒时常弓背竖羽，用嘴或翅膀攻击对方；悲伤时常栖于一隅，厌食怕动。配对鸽常会选择僻静处相互梳理羽毛，表达爱抚之情。雌、雄鸽交配前都要反复“亲嘴”，交配后雌、雄鸽昂首挺胸，迈着轻盈步伐，以非常愉快的姿势走几圈。

注意事项

(1)鸽饮水杯或水槽的水位要保持在淹没喙长的深度。

(2)鸽在生活中具有明显的“嫉妒”行为，通常在群养情况下，当雌、雄鸽交配时，其他雄鸽往往会一冲而上，把站在雌鸽背上的雄鸽赶下去，使交配失败，影响种蛋受精率，故饲养肉鸽以笼养为好。

(3)缺盐会影响家鸽繁殖等正常生理活动，故而应保证盐的供应，但又要防止食盐中毒。据测定，致死量为每千克体重 3.3 g。

(4)在饲养管理中要注意把鸽放养在安静、安全、固定的环境里，一般不让生人进场。在进行必要的操作时，如并蛋孵化、并雏哺喂等，应由熟悉的饲养员操作完成。

(5)禁止穿红、黑、蓝色衣服的人或上述颜色的物件进入鸽场。

知识拓展

1. 鸽蛋的营养价值

鸽蛋含有多种营养成分，包括人体必需氨基酸，是高蛋白、低脂肪的珍品，具有以下营养价值。

(1)富含蛋白质：蛋白质是人体必需的营养成分，机体的代谢和免疫等多方面功能都需要蛋白质的参与，每天也有大量的蛋白质被代谢替换。食用鸽蛋能补充大量的蛋白质，对肌肉的形成、体液免疫以及皮肤的弹性等都有一定的作用。

(2)富含维生素：食用鸽蛋能补充大量的维生素，对人体的眼睛、皮肤、骨骼以及生育功能等有益，尤其是对视力的调节功能比较明显。鸽蛋含有大量的叶酸，叶酸是人体大脑发育的必需营养成分，尤其是胎儿在孕前期对叶酸的需求量比较大，孕妇在孕前期都需要额外补充叶酸，以确保胎儿智力的正常发育。

(3)含有大量的钙质：鸽蛋含有较多的钙质，尤其是蛋壳中钙质的含量很高，鸽蛋也可做成咸蛋，将钙质溶解在蛋中，能增加人体对钙质的吸收。食用鸽蛋对骨峰值的增加和预防骨质疏松都有一定的作用。

鸽蛋味甘、咸，性平；具有补肝肾、益精气、丰润肌肤、助阳提神、解疮毒等功效，治疗营养不良；主要用于肾虚所致的腰膝酸软、疲乏无力、心悸失眠等症，对手术后的伤口愈合、产妇产后的恢复和调理都有很好的作用；在麻疹流行期间，让小儿每日食两枚煮熟的鸽蛋，既可预防麻疹，又有解毒功效；有贫血、月经不调、气血不足的女性常吃鸽蛋，不但有美颜滑肤作用，还会使人精力旺盛、容光焕发。

鸽蛋的适用人群：老年人、儿童、体虚贫血者；由于鸽蛋脂肪含量较低，适合高脂血症患者食用；钙、磷的含量在蛋类中相对较高，非常适于婴幼儿食用。

2. 肉鸽的外貌

(1)头部：鸽的头部由喙、眼、鼻孔、鼻瘤、前额、头顶、耳、后头、面颊等组成(图1-1)。鸽头圆额宽，最前端是喙。鸽喙粗短、略弯。嘴角上方的白色肉体形如蜡膜，称为鼻瘤，鼻瘤随年龄的增长而增大。鸽脸清秀，眼睛位于脸部中央，围绕着眼睛的皮肤为眼睑，眼睑的上面没有羽毛的部分为眼环。耳孔位于眼睛的后下方，有羽毛遮盖。不同品种的肉鸽，往往在其头部有特定的结构特点，尤其是鸽的喙、鼻瘤、眼睛和头部羽毛等部位都有所差异。鸽眼的优劣，对于培育和挑选信鸽良种是十分重要的，并且对于鉴别肉鸽的健康水平、鸽种品质以及诊断疾病等也具有一定的价值。良种肉鸽的眼应是有神、敏锐、温和、清晰和秀丽的，对外界动态的感受和反应极其敏锐，尤其在飞行中，对空中和地面的异常情况要能迅速、准确地做出判断。

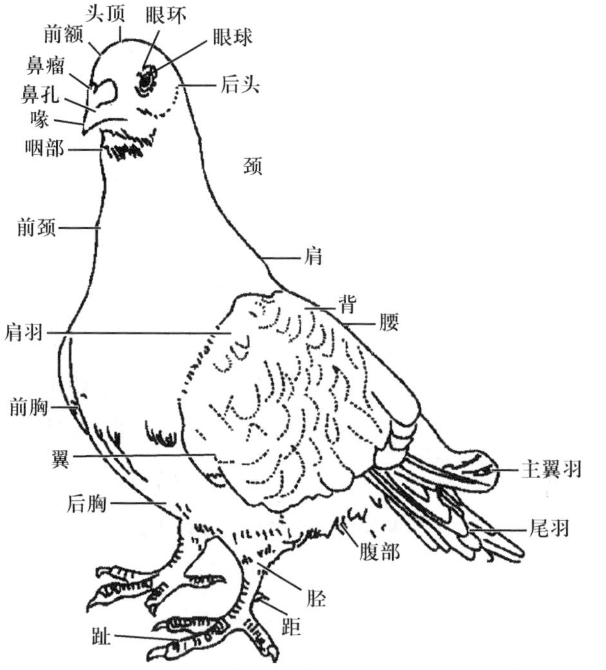

图 1-1　肉鸽的外形及各部名称

(2)颈部：肉鸽的颈部上连头部，下连胸部和背部，长短适中，粗壮，强健有力，灵活自如，便于鸽用喙啄食、对付外来之敌、清除体表异物、修羽毛和哺喂乳鸽等生理活动。鸽颈椎有特殊功能，每块颈椎相互间分得很清，故颈椎特别灵活，可使头部自由转动 180°，有利于观察四方和觅食。颈粗的肉鸽一般体形大、胸宽体壮。

(3)胸部：鸽的胸部位于颈部下端，与颈部相连处为前胸（上肋），与腹部相连处为后胸，后胸两侧为肋，后胸中有坚固强壮的龙骨（胸骨）、龙骨突。肉鸽要求胸肌发达有弹性，胸骨不弯曲。

(4)背部：鸽背位于双翼间，背部前端的两侧长着强大而有力的双翼。肉用鸽比信鸽背长而阔，表现更明显的肉用特征。

(5)腹部：鸽腹位于腰部之下，在胸部后端至耻骨之间，容纳着消化器官和生殖器官。

(6)腰部：鸽子背部后面为腰部，是肌肉和骨头的联合处，飞行时腰部有推动作用。肉鸽体大，腰部发达，肌肉也发达。腰的末端有尾脂腺，鸽常用喙将尾脂腺分泌出来的尾脂涂在全身羽毛上，以保护羽毛，并防雨水。

(7)翼部：鸽的前肢转化为翼，以适应飞翔。翼的形状、大小与飞翔能力的强弱密切相关。翼部羽毛由主翼羽、副翼羽、覆羽、肩羽和小翼羽等组成。

(8)腿部：肉鸽腿部分为胫、趾、爪。胫上有鳞片，为皮肤衍生物。胫的下部长有四趾，有些品种有趾羽。趾端的角质物为爪，鸽爪锐利而微弯。

(9)尾部：肉鸽的尾部不发达，缩短成小肉块突起，在突起上着生有 12 根宽大的尾羽。尾羽张开时呈扇形，飞翔时起转换方向和平衡身体作用。每根尾羽的排列序号通常由中央向外计算。

思考总结

1. 鸽子有哪些外部形态和行为特点？

2. 鸽子常有哪些行为表现？

3. 肉鸽具有哪些生活习性？

任务 2　肉鸽的产业发展

一、鸽场的经营管理

任何商品都是以市场为导向。肉鸽生产也不例外，其最终的目的是推向广大的消费者。鸽场在创办之前应进行市场调查，收集有关市场信息，要求做到信息有针对性、积累性、预见性、准确性和时效性；充分了解商品乳鸽在当地市场的供求情况以及需求量大的城市的供求情况以期对市场前景做出预测。落实种鸽的来源、养殖的技术、商品乳鸽的销售渠道，再结合当地的饲料来源、鸽场场地的选址情况来确定鸽场创办的规模，以免盲目投资，造成不必要的经济损失。

引种是养鸽的关键，如果没有养鸽经验，建议引进产鸽，虽然费用高，但是如果引青年鸽，没有经验，雌雄分不准，容易导致雌雄比例失调。从产鸽开始养，可以了解鸽子是怎样繁殖、孵蛋、喂雏的。

肉鸽行业在所有的养殖行业中，算是最稳定的行业，市场波动很小，可是要想在肉鸽养殖上有较好的经济效益，应该注意以下几点。①专人饲养：不要粗放式管理和不定时管理。应保证鸽子的正常营养需求，饲料不应单一化，否则无法发挥鸽子的潜能。②良好的饲养环境：虽然说鸽子好养，屋檐下、旧房屋都可以，但一定要注意环境应干燥、通风、向阳。③疾病防控：不能自己当医生，应请专家或是技术人员指导，做到预防为主，不生病才是最高境界。特别提醒的是，建议多用中药预防，因为养的是种鸽，身体好才是硬道理。④在管理上下功夫。⑤尽量利用新技术，提高产量，减少浪费。

（一）养鸽的成本分析

养鸽场、专业户采用肉鸽“统一饲养”的方法，不仅利于管理、加快繁殖，而且可降低成本、快速育肥。

生产成本是衡量生产活动最重要的经济尺度。鸽场的生产成本反映了生产设备的利用程度、劳动组织的合理性、饲养技术水平、鸽的生产性能潜力发挥程度以及养鸽场的经营管理水平。

1. 固定成本

养鸽场的固定资产包括鸽舍及饲养设备、饲料仓库、运输工具及生活设施等，固定资产的特点是使用年限长，以完整的形态参加多次生产过程，并可以保持其固有的物质形态，只是随着它们本身的损耗，其价值逐渐转移到鸽产品中，以折旧方式支付。这部分费用和土地租金、基建贷款、管理费用等组成鸽场的固定成本。

2. 可变成本

用于原材料、消耗材料和工人工资等的支出称为可变成本，随产量的变动而变动，因此称为可变成本。其特点是参加一次生产过程就被消耗掉，如饲料、兽药、燃料、垫料、乳鸽等成本。

3. 常见的成本项目

(1)引种成本：指购买种鸽的费用。

(2)饲料费：指饲养过程中消耗的饲料费用，运杂费也列入饲料费中，这是鸽场成本核算中最主要的一项成本费用，可占总成本的65%～70%。

(3)工资福利费：指直接从事养鸽生产的饲养员、管理员的工资、奖金和福利等费用。

(4)固定资产折旧费：指鸽舍等固定资产基本折旧费。建筑物使用年限较长，15年左右折清；专用机械设备使用年限较短，7～10年折清。固定资产的更新而增加的折旧，称为基本折旧。

(5)燃料及动力费：指用于鸽场生产、饲养过程中所消耗的燃料费、动力费、水费与电费等。

(6)防疫及药品费：指用于鸽群预防、治疗等直接消耗的疫(菌)苗、药品费。

(7)管理费：指场长、技术人员的工资以及其他管理费用。

(8)固定资产维修费：指修理固定资产的所有费用。

(9)其他费：指无法直接列入上述各种费用的开支。

(二)养鸽的利润分析

肉鸽以杂粮为主食。一对良种肉鸽年产乳鸽8～9对，乳鸽孵出20多天，体重达600多克即可出售，在禽类中生产周期最短。饲养良种肉鸽是一条投资少、用粮少、繁殖快、效益高的致富路。

1. 鸽舍建设

一般饲养300对以下的小型商品肉鸽场，均可在庭院围墙边沿或水泥房顶搭盖简易鸽棚，也可以用旧房改建成鸽舍。鸽舍要求阳光充足，地势高燥。肉鸽场都实行自繁自养，需要建种鸽舍和童鸽、青年鸽舍。

(1)种鸽舍：种鸽采用笼养，可利用普通闲置房改建成鸽舍，也可新建鸽舍。

(2)童鸽、青年鸽舍：300对种鸽需建10 m^2 童鸽、青年鸽舍，要求实行离地网上圈养，网面离地面0.8 m。围网可一半露天，一半在室内，露天部分用竹条或尼龙网盖好，以防鸽飞走。网内分隔成2个小区，按鸽日龄分群饲养，每群30～40只。

2. 鸽场投资概算

①种鸽繁殖很快，鸽场要获得高产，一般都要经过自繁自养，二次选育高产种群。所以，如果计划饲养 300 对肉鸽，则只需引种 100 对。②25 组铁线鸽笼。③鸽舍 67.5 m^2。④童鸽、青年鸽舍 10 m^2。⑤水电、工具、防疫消毒药品。⑥饲料周转金（按 300 对、120 d 饲料计算）。⑦不可预测开支（以上 6 项总和×15%）。

3. 经济效益分析

(1)全年卖乳鸽收入：留足 300 对种鸽后，计划年产乳鸽 2 400 对，除去 200 对留种，可出售 2 200 对。

(2)饲养成本支出：1 对种鸽 1 个月用混合杂粮 2.25 kg，每产 1 对乳鸽用混合杂粮 2.5 kg。1 对种鸽年产 8 对乳鸽，合计用混合杂粮 47 kg。

(3)利润：要获得上述经济效益，必须具备三个条件。一是选用优良种肉鸽品种，每对种鸽均产仔成活 8 对以上；二是乳鸽要在 20～22 日龄出售，生产 1 对乳鸽成本控制在 10 元以下；三是加入各种肉鸽专业合作社和鸽协，获得技术指导并减少销售乳鸽的风险。

4. 鸽子养殖成本利润分析

以笼养一对鸽子为例(采用笼养，每个笼子 3 层，每层可养 4 对鸽子，每笼可养 12 对鸽子)计算鸽子养殖成本，分别以当前市场价和市场低谷时龙头企业的保护价计算经济效益，数据仅供参考。

①需购买笼子、料槽、水槽等工具。②购买 1 对种鸽。③1 对青年鸽子每天需饲料 50 g，育成期需 4.5 个月，共耗料 6.75 kg。鸽子的 1 个繁殖周期为 45 d，种鸽发育成熟后，剩下的 7.5 个月还可繁殖 5 窝，种鸽在育雏期耗料 100 g/d，育雏期一般 25～28 d，如果按照平均 27 d 育雏期计算，5 窝乳鸽育雏期共耗料 13.5 kg。其他时间耗料 4.5 kg。④防疫等费用。⑤水电费与卖粪收入相抵。

养肉鸽的成本大大低于养肉鸡。从雌鸽产蛋算起，经过 17～18 d 的孵化，育雏 24 d 即可出售，饲养期特短。此外，目前蛋白质饲料价格高，肉用鸡饲料中的蛋白质比例高达 20%左右，而肉鸽饲料中的蛋白质比例只需 13%。如果大规模集约化饲养肉鸽，则其饲料成本明显低于肉用仔鸡。

（三）健康养殖生产质量控制

1. 办场程序

开办鸽场的程序见图 1-2。

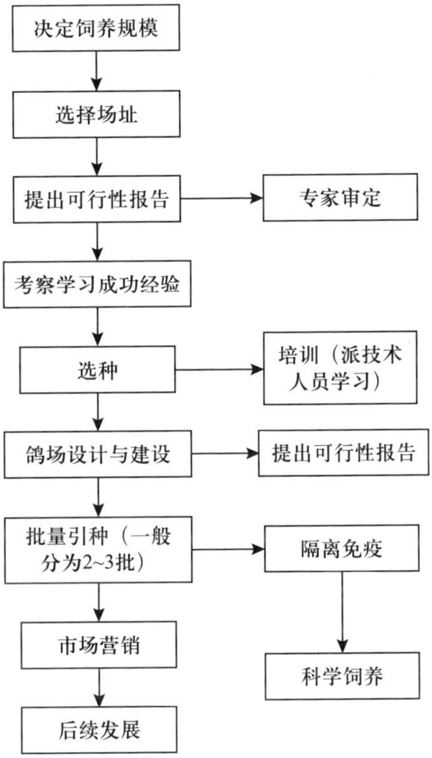

图 1-2　办场程序

2. 肉鸽饲养流程

鸽饲养流程和技术要求较为成熟，可分为引种、种鸽饲养、配对、孵化（自然孵化和人工孵化）、哺育（亲鸽哺育和人工哺育）、童鸽饲养等过程（图 1-3）。

3. 肉鸽饲养过程的危害分析

根据肉鸽饲养流程、危害的种类（图 1-4）对肉鸽饲养全过程进行危害分析，并制定具体的防治措施。通过对饲养过程的危害分析、控制和管理，加强对饲养环境、疾病综合防治，减少饲养环境有害生物及养殖过程中药品的使用，实施合理的休药期，从而在源头上保证产品的安全性。

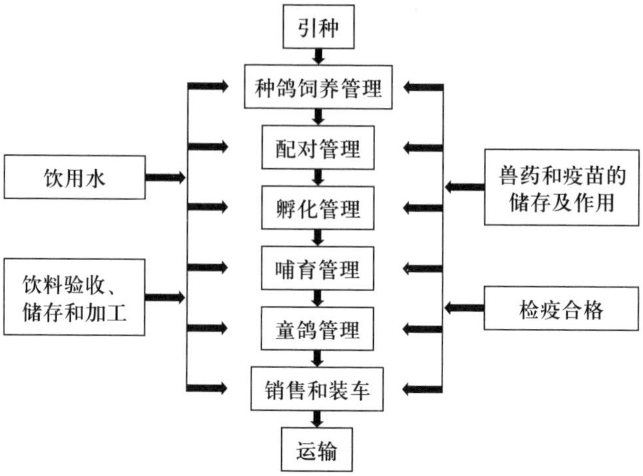

图 1-3　肉鸽饲养流程

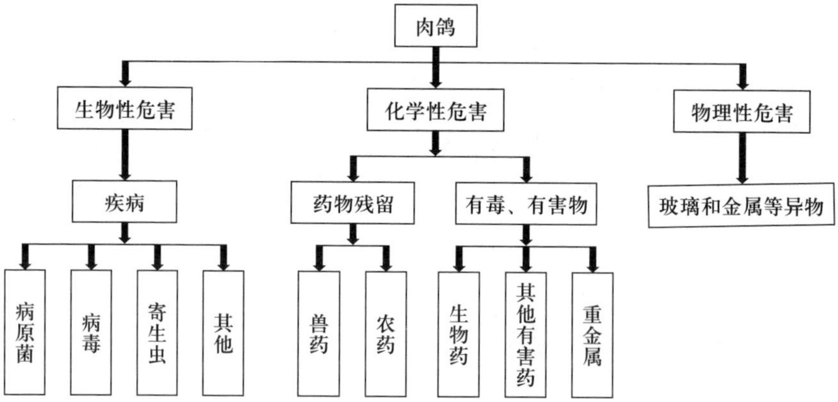

图 1-4　肉鸽饲养过程危害种类

（四）降低生产成本的途径与方法

鸽场总成本的高低不取决于饲料，主要取决于人与管理方法，每一个具体的、细小的步骤都可能会给总成本造成很大的影响，伸缩性极大。

1. 重视种鸽的选育

选种是保持和改良肉鸽优良品种的重要手段。加强选育工作，建立品质好的核心群，是保证鸽场具有较高经济效益的重要措施。即使饲养的是比较好的品种鸽，如果不进行严格选种，不建立种鸽核心群，不进行系谱记录和种鸽生产记录，有的甚至不知道自己鸽场的品种，结果肯定是品种退化，生产性能下降，商品乳鸽质量下降，在市场竞争中缺乏竞争力。

2. 加强鸽群产蛋高峰期的管理

根据生产鸽1年的产蛋记录分析，春季（3—5月）的产蛋率显著高于其他三个季节，是生产鸽的产蛋高峰期。而秋季（9—11月）的产蛋率极显著低于春季，显著低于夏季（6—8月）、冬季（12月至翌年2月），主要是这个季节集中换羽的缘故。因此，在饲养管理上，重视春季这一黄金季节，加强夏、冬季管理。秋季也能正常繁殖的生产鸽，往往是高产鸽，不仅应加强饲养管理，还要从它们后代中选留种鸽。

3. 采取并蛋孵化、并窝育雏措施

并蛋孵化、并窝育雏都是提高生产鸽整体繁殖率的措施。任何一个鸽场都会存在产单个蛋的情况，在孵化中也或多或少会出现破蛋、无精蛋、死胚蛋的情况。这样，一部分生产鸽的孵化巢内只留下1枚蛋，这是很大的浪费，应及时采取并蛋孵化，把只孵一个蛋的生产鸽归并为孵化2枚蛋，使那些无蛋可孵的生产鸽结束孵化期进入下一个繁殖周期。只有孵龄接近的蛋才能并窝孵化，一般相差不超过3 d。同时，一对乳鸽中如果中途死亡一只，剩下的一只容易喂得过饱，引起消化不良，所以对10日龄前的落单乳鸽，将日龄相近的进行并窝哺喂。

4. 选取质优价廉的饲料，确保混合饲料

根据肉鸽饲养标准配制营养全面的日粮，一般蛋白质饲料1～2种，能量饲料2～3种，要防止单一饲料投喂。配方中饲料要成熟、完整、干净、干燥、无虫蛀、无霉变，越圆越硬越好。否则适口性差、浪费多，导致肉鸽食欲不好，营养不良，生长繁殖受阻，严重时引起消化不良、拉稀粪、中毒等症状。因此，在保证营养均衡全面的前提下，选用价格低的饲料。饲料配方一经确定，要保持相对稳定，必须变动时，要逐渐过渡。平时加强饲料储藏，保证饲料干燥、干净，防止虫蛀、霉变。在粮食害虫活动季节，可用二硫化碳熏蒸48 h后通风6～8 h，再进行储藏。凡新购或新收获的饲料，必须充分晒干后再储藏。

5. 重视保健砂的配制

保健砂是肉鸽生长发育过程中不可缺少的营养物质和辅助促长剂。保健砂最好现配现用，保证新鲜，配制好的保健砂盛放在无毒的塑料容器内，并要加盖保存。常用保健砂的配方是黄泥30%，细砂25%，贝壳粉15%，石膏、熟石灰、木炭末、食盐各5%。另外，根据鸽群生长需要，适当在保健砂中添加少许中草药、维生素，以保证肉鸽正常生长发育。

6. 尽量减少对鸽舍成本投入

对初养鸽和资金不足的养鸽户来说，因地制宜，就地取材，不必太讲究建筑材料，可以利用旧房闲屋改建，只要满足通风干燥、清洁、光线比较明亮等基本条件就可以。随着养殖规模逐渐扩大，当资金、技术、市场等条件都具备后，再筹建一定规模的高档鸽舍。

7. 加强日常管理，做好各项原始记录

饲养员工作责任心要强，每天细心观察鸽群采食、饮水、粪便、精神状态，查看产蛋、孵化、育雏情况，及时准确了解鸽群生长发育、繁殖、育雏、饮食、健康状况，以便及时采取相应措施。一般鸽场都应建立留种登记表、种鸽生产记录表、种鸽生产统计表、青年鸽动态表等表格，认真做好各项原始数据记录，正确反映生产情况，为鸽场经营决策提供科学依据。

8. 定期消毒，做好防病治病工作

做好鸽场环境卫生是预防疾病的重要措施，鸽舍地面、运动场、水沟、鸽笼要每天打扫，保持清洁，每天清洗饮水器，及时洗换污染的巢盆、垫料，但在孵化期间可少换或不换，以免影响正常的孵化育雏。鸽舍、鸽笼及其他鸽具定期消毒，谢绝外人进入鸽场。

9. 把握销售良机

乳鸽的最佳上市时间是25～30日龄，此时的乳鸽体重适中、肉质细嫩、味道鲜美、营养丰富，深受消费者青睐。因此，养鸽户要把握好最佳上市时间，随时了解各地市场行情，争取高价出售，如条件许可，可加工成各类包装食品以获取更多的利润。

10. 坚持质量第一、诚实守信的经营理念

一般鸽场既销售种鸽，又销售肉用乳鸽。种鸽对外销售的好坏取决于产品质量，只有长期坚持种鸽质量第一，才能使客户放心，在行业竞争中立于不败之地。

11. 与企业建立稳定的关系

发展养鸽业要依靠龙头企业，并与企业建立稳定的合同关系。任何一项成熟的养殖产业，其最终模式都是“龙头企业＋基地”“龙头企业＋农户”或“龙头企业＋合作组织＋农户”。

对于养殖户来说，依靠龙头企业、与企业建立稳定的合同关系，可以有效地降低市场风险，确保不亏本。企业一般实行的是一条龙服务，对新饲养户来说，可以很好地解除养殖技术、饲料和销售等后顾之忧，使自己能把全部精力投入到养殖中，增加经济效益。

投资养鸽业要持之以恒。养殖业是一个连续的过程，鸽子养殖也不例外。投资前一定要做长远打算，如果今年投入，明年就不养了，那会很难收回成本。

二、肉鸽的价值

1. 食用价值

肉鸽屠宰率一般为 70%～80%，鸽肉为高蛋白、低脂肪食品，其蛋白质含量在 24.4%左右，超过兔、牛、羊、鸡、鸭、鹅等畜禽肉类；鸽肉的脂肪含量仅为 0.73%，低于其他肉类，其消化吸收率达 95%以上；鸽肉中含 16 种氨基酸，主要氨基酸含量累积达 16.91%，赖氨酸、蛋氨酸等 8 种人体必需氨基酸含量大于 8.43%，是人类理想的食品。鸽肉还含有丰富的维生素和矿物质，与鸡肉、鱼肉、牛肉、羊肉相比，鸽肉所含的维生素 A、B 族维生素、维生素 E 及造血用的微量元素均遥遥领先。

鸽肉鲜美可口，色、香、味俱佳，适合各种烹饪方法，很易烹饪出滋味醇美的菜肴，如油淋鸽、红烧乳鸽、气锅鸽、香酥鸽、脆皮乳鸽和奶油鸽肉等，都是宴席上的上品菜。

2. 保健价值

鸽肉不但营养丰富，还有一定的保健功效。我国自古以来把鸽肉当作补品，载于唐代的《食疗本草》和明朝的《本草纲目》中。用白鸽的骨与肉可制成名贵中成药“乌鸡白凤丸”，其中的白凤即指白鸽。我国传统医学认为，鸽肉味咸、性平、无毒，有滋阴壮阳、补肝肾、益气血、祛风解毒之功效，主治虚羸、消渴、妇女血虚经闭等症。研究检测表明，鸽肉中含有丰富的维生素 B_1，对毛发脱落、早秃、头发变白、未老先衰、贫血等有一定疗效。乳鸽含有较多的支链氨基酸和精氨酸，可促进体内蛋白质的合成，加快创伤愈合。用肉鸽与当归、党参、枸杞等中药一起炖或蒸食，具有调心、养血、固本、扶正的功效，能促使机体恢复健康。鸽肝可帮助人体很好地利用胆固醇，防治动脉硬化。另外，乳鸽的骨内含有丰富的软骨素,可与鹿茸中的软骨素相媲美。

3. 经济价值

肉鸽体形大,生长快,饲料报酬高,生产周期短,经济价值高,是畜牧业中投入少、产出高的理想产品。乳鸽一般在25～30日龄、体重达500～750 g即可上市,而一只肉用仔鸡需50～60 d才能上市,在这期间一对种鸽可生产出两对乳鸽。从饲料转化率来看,乳鸽增重饲料转化率为2∶1,与肉用仔鸡增重饲料转化率差不多。但是肉用仔鸡需要动物性蛋白饲料,而肉鸽只需要植物性蛋白饲料。由此可以看出,饲养肉鸽的饲料费用要比肉鸡的低一些。种鸽可以多层笼养,占地少,鸽舍建筑及养鸽用具要求比较简单,其饲养技术易掌握,操作省时、省力;而现代化养鸡场地设施要求高,设备费用开支大,投资成本高。相比于鸡,养肉鸽所需成本要少得多,并且鸽肉价格明显高于鸡肉价格,其经济价值远超过鸡。如果能作为良种鸽出售,其获利就更为可观了。

三、肉鸽产业的发展概况

1. 国外养鸽业发展史

据考证,古埃及人和古希腊人早在5 000年前已将原鸽驯养为家鸽,而且古埃及人将鸽肉作为佳肴。公元前300年,罗马人已精于饲养肉鸽。有计划且大规模地进行肉鸽良种选育、开发利用是近百年来的事。20世纪初,人们对肉食品种和品质的要求越来越高,依据人们的需求选育出体形适中、生长快、肉嫩味鲜、营养价值高的乳鸽,促进了肉鸽选育工作的开展。在国外,饲养2万～3万只的种鸽场已很普遍。

2. 我国养鸽业发展史

在我国,养鸽业的发展也较早,据史料查证至少有3 000年的历史。相传,西汉张骞出使西域各国时,就曾利用鸽子作为通信联络工具。唐朝已有人将营养丰富的乳鸽编入菜谱。明末清初人士张万钟编写了我国最早研究鸽的专著《鸽经》。在清代,广州就有不少人饲养“地白鸽”,很像现在的肉用鸽,这说明肉鸽饲养在我国清代就已开始,但尚未形成规模生产。新中国成立前,在广东中山市人们已培养出我国第一个肉鸽品种“石岐鸽”。

20世纪80年代肉鸽养殖业在我国迅速兴起。目前,我国的肉鸽饲养已遍布城乡，多数省份都建有肉鸽饲养场，发展了数以万计的肉鸽饲养专业户。肉鸽饲养已由早期的品种推广，发展为现在的规模化、商品化生产，并成为我国畜牧业中相对独立的产业。

3. 肉鸽养殖业发展前景

“肉鸽全身都是宝”。鸽子以五谷杂粮为食物，产出的是高营养、高蛋白、低脂肪的有益食品，不仅含有丰富的矿物质、蛋白质及多种维生素，还有很高的药用价值。因此，肉鸽养殖是一项前景广阔、收益可观的项目。近几年，北方地区也开始盛行吃鸽子肉，进一步加大了肉用鸽的市场需求量。随之兴起的肉鸽养殖业，是老百姓在养殖项目上的一个新的致富门路。

肉鸽的经济食用日龄为 25～28 d，此阶段的鸽称乳鸽，乳鸽饲料报酬高，产肉量大，具有极高的经济价值。但乳鸽的最佳食用日龄为 13～15 d，此时的乳鸽称为妙龄鸽，比大一些的乳鸽肉质更嫩，味道更佳。我国的肉鸽养殖业发展潜力很大，相信随着人民生活水平的提高，市场对肉鸽需求的增加，肉鸽养殖业必将带来良好的经济效益和社会效益。

养鸽还可作为某些业余爱好者的一种娱乐活动，既可娱乐，又可增加经济收入，一举两得。但养鸽也不能一哄而上，应根据市场的需要而定，因此，办鸽场应考虑市场的需求量，根据社会的购买力来发展养鸽业。

注意事项

充分了解周边的肉鸽市场，确定有较大的需求量，是开办养鸽场的首要条件；掌握养鸽技术是开办较大规模养鸽场的必要条件；由小而大、稳步发展是降低风险的成功经验。

知识拓展

肉鸽以杂粮为主食，是养殖禽类中生产周期较短的种类之一。随着畜牧业产业结构的调整，肉鸽就成为首选的“短平快”项目。

1. 国内消费市场趋于成熟

乳鸽肉质细嫩，味道鲜美，具有较高的营养价值和药用价值，民间素有“一鸽胜九鸡”的美誉。过去生产乳鸽多数通过外贸出口，国内只有中高档饭店才有消费能力。如今随着人民生活水平的提高，乳鸽正进入普通家庭的餐桌。近年来国内乳鸽消费热已从大、中城市辐射到乡村。

2. 高产技术与产业化生产条件成熟

经过多年探索，肉鸽生产的科技含量已逐步提高。近年来国内已经培育出一批适应我国生产水平的肉鸽优良品种，这些品种具有个体大、耐粗饲、繁殖快、母性好、适应性强、高抗病等优点。大群饲养，一对种鸽一年平均产仔数可达 18 只，单个乳鸽体重达 600 g。

3. 乳鸽产品深加工技术趋于成熟

目前国内开发的乳鸽食谱已达 90 多种，成鸽、鸽蛋菜谱有 500 多种。以鸽为原料制成的药品、药酒、营养口服液有 10 多种，乳鸽深加工食品达 20 多种。正在开发的有乳鸽速冻小包装保鲜食品、乳鸽儿童营养配餐、乳鸽旅游观光系列食品等 10 多个品种。随着肉鸽产业链的延伸，市场对乳鸽的需要量将越来越大。

虽然肉鸽养殖前景非常好，但也不是没有风险。养殖业是一个连续的过程，肉鸽养殖也不例外。一旦选准了项目，就要持之以恒，并根据市场行情适当调整规模和品种，可确保市场好时赚大钱，市场孬时不亏本，最终成为养殖业的赢家。

思考总结

1. 肉鸽养殖的固定资产有哪些？如何延长资产的利用年限？
2. 鸽场的养殖效益如何核算(以一个 500 对肉鸽场为例)？
3. 如何提高肉鸽的养殖利润？
4. 鸽子肉有哪些优点？

项目二

鸽场建设与环境控制

鸽场(图 2-1)、鸽舍是鸽子生活、栖息和繁殖后代的场所,养鸽场场址和鸽舍是否合适不仅直接影响着鸽的生长发育、生产性能和鸽体健康,而且关系到养鸽的经济效益。因此,在养殖鸽子之前应做好周密的计划,选择最适合的地点,科学规划后建设鸽场。这里将依据鸽子喜静怕闹、惧怕惊扰的生理特性对肉鸽场的场址选择、场区规划、鸽舍建设、养鸽常用的设备用具等进行介绍。

图 2-1　鸽场

任务 1　鸽场建设与设计

养鸽的目的、规模不同,对鸽舍的要求也就不同。但总体来说,鸽舍应该能给鸽子提供一个舒适的生活环境,便于饲养管理,且建筑费用应尽可能低。因此,在计划建筑鸽舍时,应考虑以下几方面。

一、场址选择和规划布局

(一)鸽场场地选择

小规模饲养肉鸽(300～500对),可以利用住宅前后空地搭建简易鸽舍;如家养肉鸽,可利用屋顶和庭院放置鸽笼即可饲养。

规模化养鸽场的场址选择与建筑设计,必须遵循因地制宜的原则,一方面根据当地的自然条件等进行调查研究;另一方面,根据当地的社会情况(经济情况、居民情况、交通、动力、文化设施)等综合考虑,同时要根据鸽场的性质、任务和规模有所侧重。正确地选定场址,需注意以下几方面。

(1)远离居民区及其他畜禽场:居民区是较喧闹的地区,人们购买的畜禽产品及畜禽的屠宰废弃物会危害鸽群的健康;畜禽场之间也易发生畜禽共患传染病的相互传染。鸽场远离居民区和畜禽场,可以给鸽群提供宁静的生产和生活环境,减少传染性疾病的发生。

(2)合法合规:符合政府用地规划,在国家和地方畜牧法规、标准文件中规定区域建场。

(3)地势高燥:一般选在地势较高的区域,其地下水位低、地面干燥、易于排水,否则就应当采取垫高地基和在鸽舍周围开挖排水沟的办法来解决。

(4)土壤:鸽场场地要求未被传染病病原体或寄生虫等污染,场地土壤透气性和透水性良好,场地保持干燥,一般以沙壤土为宜,这样的土壤排水性能良好,导热性小,微生物不易繁殖,符合卫生要求。

(5)水源:鸽水源要充足,水质要好,不含有病毒和毒物,水质澄清,无异味。水质不好会导致鸽群发生疫病。

(6)方向朝南:肉鸽场以坐北朝南最为理想。这种朝向的肉鸽舍冬季吸热好,夏季通风,但不被太阳直射,具有冬暖夏凉的特点,有利于提高产蛋率。朝西和朝北的肉鸽舍,与朝南的肉鸽舍比较,用同样方法饲养,死亡率明显较高,饲料消耗增多,经济效益差。

(7)交通方便并有稳定的电源:饲料和设备的购入以及种鸽和商品鸽的购销,都要求有较方便的公路或水路;鸽场的用电并不多,但工作人员的生活用电是必不可少的,所以选择场址时应考虑有稳定的电源和便利的交通运输条件。

(二)鸽场布局设计

新建鸽场的建筑物种类和数量取决于鸽场的性质和规模。对于农村规模比较小的养殖户来说,由于建筑物种类和数量较少,其布局要求不严,可因地而建。但对一些规模较大的肉鸽场来说,由于建筑物种类和数量较多,布局一定要科学合理。

肉鸽养殖场的布局应遵循以下基本原则:一是管理简单,有利于提高工作效率,兼顾各地区之间的相互联系;二是做好防疫灭疫工作,在规划中要充分考虑风向;三是按照作业过程的顺序安排生产区域;四是因地制宜,合理利用地形地貌,创造最有利的鸽场环境,减少投资。

1. 鸽场规划布局

一般鸽场规划布局要分为:职工生活区、行政区、生产管理区、病鸽饲养区、无害化处理区(粪污处理区)。

具体规划时,要将肉鸽场各种房舍分区规划,就地势高低和主导风向,将各种房舍依防疫需要的先后次序,进行合理安排(图 2-2)。如果地势和风向不一致,按防疫要求不好处理,则以风向为主,地势服从风向。生产区必须与行政区、生活区隔离,运输饲料的道路必须与运输粪便的道路分开。根据肉鸽群的经济价值与抗病能力排序,按照场内风向与防疫环境的优越程度依次为:种鸽舍→商品鸽舍;人工哺育室→育成鸽舍→成年鸽舍。为便于作业考虑,饲料仓库应位于生产区和行政区之间,并尽可能接近耗料最多的成年鸽舍。从防疫角度考虑,场内道路应分净道和污道。两者互不交叉,净道用于运输活鸽、饲料、产品,污道用于运输粪便、死鸽等污物。各个区之间应有 30～50 m 的隔离带,

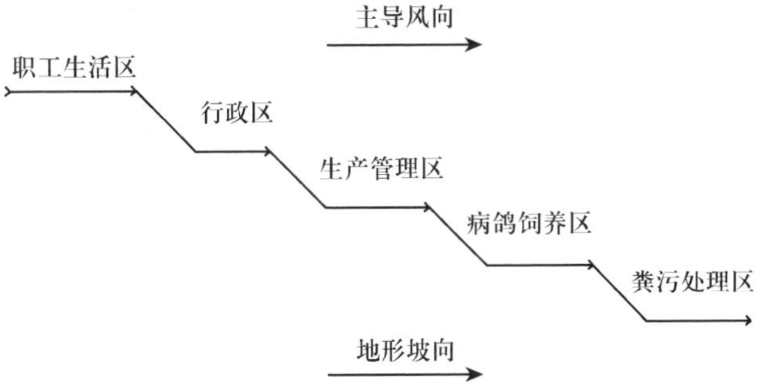

图 2-2　肉鸽场按地势、风向分区规划

并在中间种植花草，尤其是生产区，一定要有围墙。加强卫生防疫工作，进入生产区必须换衣、换鞋、消毒。肉鸽场布局见图 2-3。

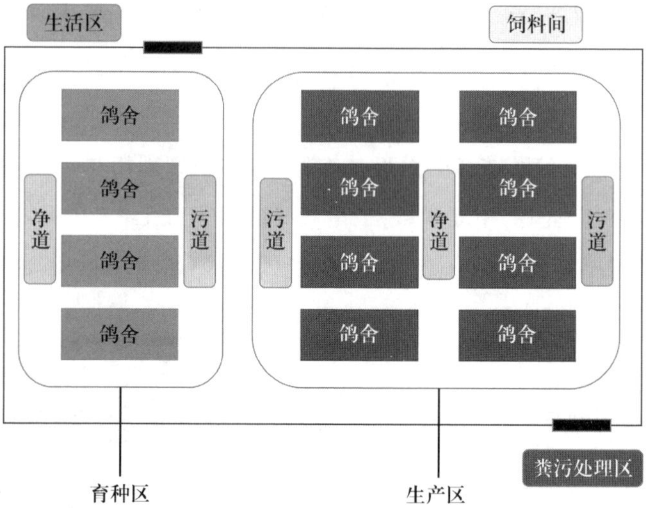

图 2-3　肉鸽场布局

2. 建设要求

(1)道路建设：关键是净道和污道要分开，以避免交叉污染。

(2)绿化建设：场区绿化建设是鸽场建设的重要内容，不仅美化环境，而且可以净化空气、降低噪声、调节小气候、改善生态平衡。建设鸽场时应有绿化规划，且必须与场区总平面布局设计同时进行，在设施周围可种植绿化效果好、产生花粉少和不产生花絮的树种，尽量减少黄土裸露的面积，减少粉尘。

(3)生产鸽舍建设：在保证通风、采光良好的基础上，结合当地气候条件，设计出冬暖夏凉、造价相对合理的鸽舍，这是养好鸽子的首要条件。

(4)饲料车间建设：建设主体要保证宽敞、通风、干燥、阴凉，所有生产区配置防爆开关。还要注意以下几点。

①存放原料面积：预备足够存放原料面积，便于随时储备质优价廉的原料，原料垫板数量充足，存放一堆或几堆皆可，最好是在同一仓库内。

②存放地点：存放地点应该有充足的空间，空气流通，不闷热，不被太阳直射，不被雨淋。

③小料间：小料间要阴凉，单独设置，配置空调，这是一般鸽场最容易忽视

的地方。

④成品库:成品库饲料不要堆积太多,不要靠墙堆放,保证通风良好,要定期进行打扫和消毒。

(5)孵化大厅建设:关键是保证宽敞、通风良好,又要保温,最好配置空调。有条件的鸽场将孵化间和出雏间分开,以减少交叉污染。

二、鸽舍的设计

鸽舍的小气候与肉鸽生产的性能和健康密切相关,鸽舍小气候是指鸽舍温度、湿度、气流、光照、有害因素等。鸽的最适温度为 27～32 ℃。温度过低,则饲料利用率下降;温度过高,则生长缓慢,死亡率增加。因此,鸽舍应坐北朝南,向阳面门窗可大些,以利于采光、通风、保暖。

(一)鸽舍建筑

1. 地面

地面要求坚固、平整、绝缘、防渗、易于清洗和消毒,地面一般应保持 2%～3%的坡度,便于清洗,保持干燥。

2. 墙壁

墙壁一般为砖木或土木结构,有利于保温隔热。墙面应光滑,墙面不易脱落,耐久,不含有毒有害物质,便于屋面清洗消毒。

3. 窗口

鸽舍应设置一定数量和大小的窗户,以保证鸽舍的正常通风和照明。如有需要,应安装排气扇和风扇,以确保通风。为防蚊蝇进入,可以安装纱窗。

4. 鸽舍建设的设计及构造

(1)群养式鸽舍的建筑:主要适用于青年鸽,一般以单列式平房为多,可利用旧房改建。新建鸽舍最好采用砖木结构或土木结构。单列式平房(图 2-4)每幢宽约 5 m,长 12～18 m,檐高 2.5 m,舍内用网或竹木隔成 4～6 个小间,每间可养 50 对乳鸽或 30 对种鸽。每间鸽舍前后墙上应开前、后窗,前窗离

图 2-4 群养式鸽舍

地面可低一些，以利于夏季通风；后窗离地面一般为1.6～1.8 m，以避免冬季北风的侵袭；在后墙下离地面20 cm左右处，还应开设几个可启闭的地窗，以便在夏季和潮湿的天气通风透气。舍内地面以大红砖或三合土为好，要求地面光滑而清洁，潮湿天气时不冒水。地面比运动场地面高30～40 cm，这样可保持栖息环境的干燥。另外，在每间鸽舍的阳面设运动场，其长度和宽度与鸽舍相似，四周高度为2.5～2.8 m，可用钢材、圆木或水泥柱和镀锌铅丝网围隔，顶部用尼龙网遮盖。运动场的大小是鸽舍的1.5～2倍，并放置栖架、食槽、保健砂钵、饮水器、洗澡盆。运动场的1/3面积铺上沙子，供鸽子沙浴。

(2)笼养式鸽舍的建筑：所谓笼养就是把已配好对的生产种鸽一对一对地分别关养，让它们分住、分食、分饮，其优点是鸽舍结构简单，造价低廉，管理方便，鸽群安定，鸽舍利用率较高等。这种形式的鸽舍有双列式鸽舍和单列式鸽舍两种。

双列式鸽舍(图2-5)的结构特点是，在鸽舍内紧靠墙壁安装两列鸽舍，内外笼相通。鸽舍长20～30 m，宽3 m左右，高3～3.4 m，人字形屋架，钟形屋顶，舍内中间走道宽2 m，上方安装四层重叠式内外双间式鸽笼，内笼为产鸽采食、产蛋、孵化、育雏和休息的场所，外笼为鸽子交配、运动、淋浴的地方。有条件的可在笼顶安装一条有孔自来水管，可以喷水，让鸽子洗澡和防暑降温。笼下方为宽60 cm、深40 cm的排水沟。

图2-5　双列式鸽舍

三、鸽场常用的用具与设备

养鸽用具一般包括鸽笼、巢房、巢盆、食槽、饮水器、保健砂钵、栖架、澡盆、捕鸽网、脚环、垫料、配对笼和乳鸽运输笼等。

(一)鸽笼

1. 群养式鸽笼

群养式鸽笼(图 2-6)一般放在靠墙边上,如柜式,能拼能拆,便于搬动,可以设置 3～5 层,一个巢房供 1 对种鸽居住,其规格为高 33 cm、深 45 cm、宽 15 cm。从里往外 30 cm 处放一块薄隔板,将巢分成两个小室。正面设笼门。

2. 笼养式鸽笼

笼养式鸽笼(图 2-7)一般采用竹、木或铁丝网制作鸽笼。大型鸽场采用柜式多层鸽笼(高 45 cm、宽 50 cm、深 70 cm),有许多种型号,但较多采用的是 4 层 8 个鸽笼的,可养 8 对产鸽。个体或饲养专业户一般因地制宜建造竹制鸽笼或用木条制作框架,周围及上下均可用小竹条围成笼,有的框架则采用钢筋制作,然后周围用铁丝网围成笼。

图 2-6　群养式鸽笼

图 2-7　笼养式鸽笼

3. 配对笼

配对笼供青年鸽配对使用,规格为:深 35 cm、宽 50 cm、高 45 cm。

(二)鸽具

1. 巢房

巢房应为木质结构,能拼能拆,便于搬动。巢房分成前后两部分,前部为产鸽休息间(约 0.12 m^2),后部是生产间(占 0.24 m^2),中间用活动板等分为两格,作为产鸽的 2 个巢窝,每个巢房后面用板固定,两侧木板可分层拉出和插入,如果需要多个巢房合并时,把多余的一侧隔板拉出即可。

2. 巢盆

巢盆是供鸽子产蛋、孵育用的，可使用方形或圆形塑料盆、瓦钵、木盆和石膏盆。一些塑料厂生产的方形疏眼塑料盆(图 2-8)和铁丝巢盆轻便耐用，透气性好，破蛋少，出雏率和乳鸽成活率高，还易于清洁和消毒。瓦钵通气性较差，阴雨季节与通风不良的鸽舍，使用瓦钵作为巢盆不理想。此外，群养鸽舍内放置的巢盆数量要足，因为未成年的青年鸽每只要占一个巢窝，应满足鸽子的占窝需要，减少因占窝所引起的争斗。巢盆内必须垫好垫料。

3. 垫料

垫料应具有良好的保温性、通气性与弹性，能保持孵化蛋的蛋温，蛋不易滚动，不易碎损，使产鸽抱窝时感到舒服，从而有利于孵化率的提高。常用的垫料有稻草、干草、谷壳、细沙、麻布片等，不管哪种垫料，必须干燥、清洁，厚度约 2 cm。

4. 饲槽

饲槽是鸽子采食的地方，其形式很多，笼养肉鸽的食槽挂在鸽笼前网上。

5. 饮水器

(1)饮水器的要求：保持饮水清洁、新鲜和充足，且鸽子的脚或身体无法进入。饮水的深度最少 2.5 cm，能浸没鸽子的鼻瘤，且加水方便，不会弄湿弄脏鸽舍地面。鸽粪和垃圾不会污染饮水，方便清洗消毒，经济耐用，使用方便，价格适宜。

(2)笼养产鸽饮水器(图 2-9)：有瓶罐式、塔式、瓦盆式三种。

图 2-8　塑料巢盆

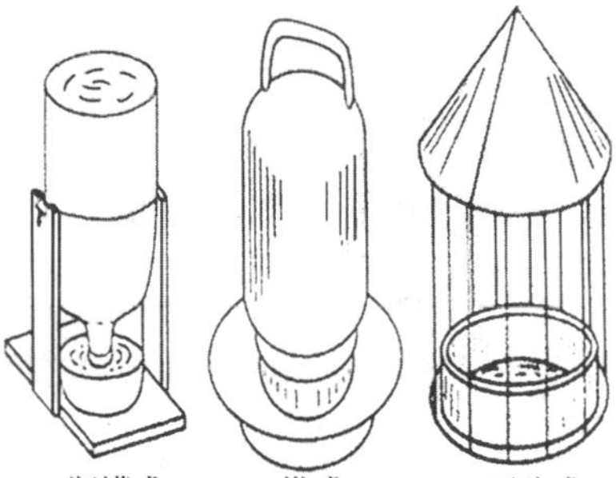

图 2-9　产鸽饮水器

(3)群养产鸽和童鸽饮水器：这种饮水器既能保证鸽持续不断地饮到水，又能使鸽脚踏不进饮水器，其粪便和羽毛不易落入水中。目前常采用的是塑料饮水器，一次可盛水 2 500～5 000 mL，使用方便，能经常保持饮水清洁。

6. 保健砂杯

保健砂也称盐土，是鸽生存不可少的饲料添加物。盛放保健砂的容器最好用陶瓷、木材或塑料制品制作，忌用金属制作，因为金属制品容易与保健砂发生化学反应。常用的有塑料饮水杯或圆形筒（图 2-10），内盛少量保健砂挂在笼子外侧，能使鸽子吃到即可。也可在饲料槽的 1/4 部分隔开，放置保健砂供鸽食用。

7. 水浴盘

水浴盘（图 2-11）供鸽群洗浴用，可用塑料盘、瓷盘或木盘，可大可小、可方可圆，其中塑料盘比较实用。

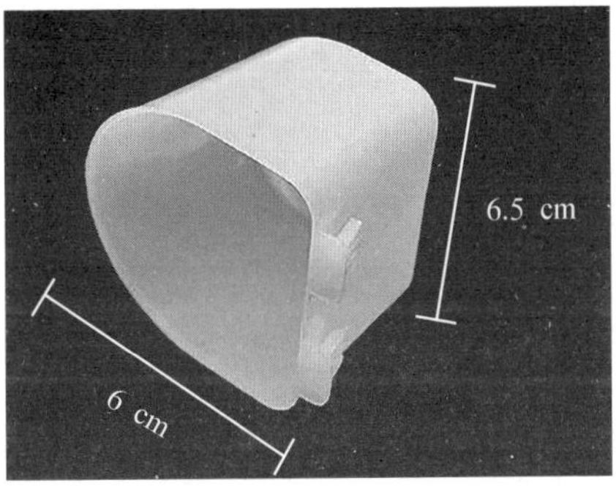

图 2-10 保健砂杯

图 2-11 水浴盘

8. 栖架

群养鸽舍内一定要设有栖架（图 2-12），可供鸽子在夜晚、白天和下雨天用。

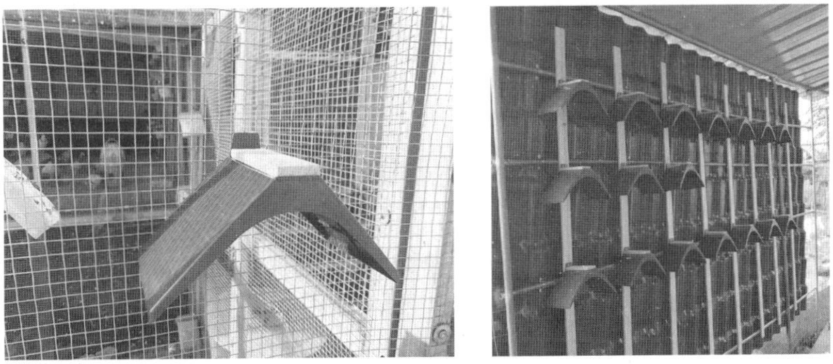

图 2-12 栖架

注意事项

(1)有些养殖户为了节约养殖空间,饲养鸽数多,使得每个笼子的空间变小,这样常会引起肉鸽的不适,影响它们正常的生活习性,从而影响繁殖性能、产蛋率、育雏率,这样反而得不偿失。

(2)巢盆内不论用何种垫料,必须干燥、干净,垫料厚度为 2~3 cm,更换垫料要勤。有的养殖户常用野干草作为垫料,将其编成一个小窝,在产蛋前放入巢盆内,效果较好。

知识拓展

进行人工哺育可缩短亲鸽自然哺育乳鸽时间,提前进入下一个繁殖期,增加全年产鸽数。乳鸽人工哺饲工具有以下几种。

1. 注射筒灌饲器

将 20 mL 或 50 mL 的注射器去针头,改装成小容量灌饲器。操作需两人进行,每次仅能喂 1~2 只乳鸽。

2. 吊桶式灌饲器

在塑料桶底部开一直径 30~50 mm 的孔,连接长约 1 m 的透明胶管,用弹簧夹封闭管口控制出料。将桶悬挂在育雏笼的前方,通过吊绳上端的滑轮,可以左右移动吊桶,依次灌饲各笼乳鸽。吊桶式灌饲器容量较大,适用于规模较大的鸽场。

3. 脚踏式灌饲器

脚踏式灌饲器参照填鸭机改装而成,一般用不锈钢制作,具有使用方便、速度快、饲喂量准确的优点。

4. 塑料瓶灌饲器

用 500 mL 或 1 000 mL 塑料瓶,瓶口塞上橡皮塞或用塑料瓶的瓶盖封口。在塞或盖上开一直径 30~50 mm 的小孔,插入 5~10 cm 的橡胶管,在塞或盖处另插一注射针头至瓶内,用于进气。通过挤压的办法给乳鸽灌饲。

5. 吸耳球灌饲器

根据乳鸽日龄选择不同大小的医用吸耳球制作而成。使用时将吸耳球内的空气排尽,吸入适量的食糜,再将吸耳球口放入乳鸽食道,挤压吸耳球使食糜进入乳鸽嗉囊内。

思考总结

1. 如何选择适宜的鸽场场址？
2. 鸽场的规划布局主要考虑哪些因素？
3. 养鸽常用的设备用具有哪些？

任务 2　鸽场的环境控制与生物安全

环境因素会影响肉鸽生长、发育、繁殖。鸽的环境包括作用于鸽体的一切物理性、化学性、生物性和社会性因素：物理性因素主要有鸽舍、笼具、温度、湿度、光照、通风、灰尘、噪声、海拔和土壤等；化学性因素有空气、有害气体和水等；生物性因素包括饲料、微生物等；社会性因素有饲养管理方式以及与其他家畜或鸽群之间的关系等。我们应加强鸽场的环境管理，为鸽的生长和繁殖创造一个卫生的、舒适的环境，保证鸽群安全，最大限度地提高其生产潜力。

一、场区的环境管理

（一）合理的规划设计

科学地进行规划布局是保证鸽场安全的基础。鸽场必须分区规划、科学布局，鸽舍和道路必须配备必需的防护设施，如鸽场周围建立隔离墙、防疫沟等，鸽场入口和鸽舍入口设立消毒池，配套粪污及污水处理设施等，并制定严格的卫生防疫管理制度。

（二）绿化

绿化不仅可以美化环境，而且可以净化环境，改善小气候，还有防疫、防火的作用。

（三）水源防护

1. 鸽场水源要求

水源要远离污染源，位置要远离生产区，水源周围 50 m 内不得设置储粪场、渗漏厕所。水井设在地势高处，防止雨水、污水倒流引起污染。定期检测水质，发现问题及时处理。

2. 鸽场水源保护

肉鸽生产过程中用水量较大，如鸽的饮水、粪尿的冲刷、用具及笼舍的消毒和洗涤，以及生活用水等，在选择鸽场场址时，应将水源作为重要因素考虑，鸽场建好后还要注意水源的维护，不同地区的鸽场有不同类型的水源，其卫生维护要求不同。

（1）地面水：主要有河水、湖水和池塘水等作为水源。使用时应注意：①取水点附近及上游不能有任何污染源；②在取水处可设置汲水板或建汲水码头伸入河、湖、池塘中，以便能汲取远离岸边的清水；③可以在岸边建自然渗滤井或沙滤井，以改善地面水的水质。

（2）地下水：通过水井取水。注意：①选择合适的水井位置，地势较高，防止雨水、污水倒流引起污染，远离厕所、粪坑、废渣堆等污染源；②水井应结构良好，井台高于地面，使地面水不能从四周流入井内。井壁使用水泥、石块等材料，以防地面水漏入。井底用沙、石、水泥板作为材料，以防搅动底部泥浆。

3. 水的净化与消毒

定期检测水的质量，根据情况对饮用水进行净化（沉淀、过滤）和消毒处理，改善水的物理性状和减少水中的病原体。地面水需要沉淀、过滤和消毒，较清洁的地下水只需消毒即可。鸽场水源消毒常用的方法是化学消毒法，即在水中加入消毒剂（氯或含有效氯的化合物，如漂白粉、漂粉精、液态氯、二氧化氯等）以杀死水中的病原微生物。

（四）灭鼠杀虫

1. 灭鼠

鼠是人、畜多种传染病的传播媒介，还盗食饲料和鸽蛋，咬死雏鸽，咬坏物品，污染饲料和饮水，危害极大。鸽场必须加强灭鼠。

防止鼠类进入建筑物是关键。鼠类多从墙基、天棚、瓦顶等处窜入室内，在设计施工时应注意:墙基最好用水泥制成,碎石和砖砌的墙基,应用灰浆抹缝。墙面应平直光滑,防鼠沿粗糙墙面攀登。砌缝不严的空心墙体,易使鼠隐匿营巢,要填补抹平。为防止鼠类爬上屋顶,可将墙角处做成圆弧形。墙体上部与天棚衔接处应砌实,不留空隙。瓦顶房屋应缩小瓦缝和瓦、椽间的空隙并填实。用砖、石铺设的地面,应衔接紧密并用水泥灰浆填缝。各种管道周围要用水泥填平。通气孔、地脚窗、排水沟(粪尿沟)出口均应安装孔径小于 1 cm 的铁丝网,以防鼠窜入。

2. 杀虫

鸽场易滋生蚊、蝇等害虫。害虫骚扰人、鸽并传播疾病,给人、鸽健康带来危害,应采取综合措施杀灭。

搞好鸽场环境卫生,保持环境清洁、干燥,是杀灭蚊蝇的基本措施;还可以利用物理、生物、化学方法进行杀灭。其中化学杀灭是使用天然或合成的毒物,以不同的剂型(粉剂、乳剂、油剂、水悬剂、颗粒剂、缓释剂等),通过不同途径(胃毒、触杀、熏杀、内吸等)毒杀或驱逐蚊蝇,具有使用方便、见效快等优点,是当前杀灭蚊蝇的较好方法。

(五)废弃物处理

1. 鸽粪的处理和利用

随着规模化饲养,鸽粪的数量不断增加。鸽粪既是污染源,又是很好的资源。

(1)作为饲料:资料显示,无病的鸽粪加工处理后可以喂猪、牛、羊、鸭等。添加时要循序渐进,一般前 5 d 添加比例不超过 5%,以后每隔 3～5 d 增加 5% 左右,直至 10%～20%。喂鸭时可撒在地面上让鸭自由采食,有预防鸭瘟的效果。

(2)用作肥料:鸽的粪便中有多种病原体,染疫鸽的粪便中病原体的含量急剧增加,是土壤、水源、居住环境的主要传染源,应及时妥善进行消毒处理。处理后可作为优质的有机肥。

2. 污水处理

鸽场有专设排水设施,以便及时排除雨水、雪水及生产污水。全场排水网分主干和支干,主干主要是配合道路网设置的路旁排水沟,全场地面径流或污水汇集到几条主干道内排出；支干主要是各运动场的排水沟，设于运动场边缘，利用场地倾斜度，使水流入沟中排走。污水经过消毒后排放。被病原体污染的污水，可用沉淀法、过滤法、化学药品处理法等进行消毒。比较实用的是化学药品消毒法。方法是先将污水处理池的出水管闸门关闭，将污水引入污水池后，加入化学药品(如漂白粉或生石灰)进行消毒。消毒剂的用量视污水量而定，一般 1 L 污水用 2～5 g 漂白粉。消毒后，将闸门打开，使污水流出。

3. 尸体处理

鸽的尸体能很快分解腐败，散发恶臭，污染环境。特别是患传染病的病鸽尸体，其病原微生物会污染大气、水源和土壤，造成疾病的传播与蔓延。因此，必须正确及时地处理死鸽，坚决不能图一己私利而出售。

尸体处理常用的方法有焚烧法、高温处理法和土埋法。在处理尸体时，不论采用哪种方法，都必须将病鸽的排泄物、各种废弃物等一并进行处理，以免造成环境污染。

二、鸽舍的环境管理

影响鸽群生活和生产的主要环境因素有空气温度、湿度、气流、光照、有害气体、微粒、微生物、噪声等。在科学合理设计和建筑鸽舍、配备必需设备设施以及保证良好的场区环境的基础上，加强对鸽舍环境管理以保证舍内温度、湿度、气流、光照和空气中有害气体、微粒、微生物以及噪声条件适宜，保证鸽舍良好的小气候，为鸽群的健康和生产性能提高创造条件。

(一)舍内温度控制

温度是主要环境因素之一，舍内温度的过高过低都会影响鸽体的健康和生产性能的发挥。舍内温度的高低受到舍内热量的多少和散失难易的影响。舍内热量冬季主要来源于鸽体的散热，夏季几乎完全受外界气温的影响，如果鸽舍具有良好的保温隔热性能，则可减少冬季舍内热量的散失而维持较高的舍内温度，可减少夏季太阳辐射热进入鸽舍而避免舍内温度过高。

1. 适宜的舍内温度

人工哺育乳鸽的适宜舍内温度为 25～30 ℃。肉种鸽舍的适宜温度：非孵化哺喂舍是 10～25 ℃，孵化哺喂舍 27～32 ℃。

2. 舍内温度的控制措施

(1)乳鸽舍温度控制:①提高育雏舍的保温隔热性能;②供温设施要稳定可靠;③准确测定温度。

(2)青年鸽与种鸽舍的温度控制:青年鸽和种鸽舍温度容易受到季节影响,如夏季气温高,天气炎热,鸽舍内温度也高,鸽群容易发生热应激;而冬季,气温低,寒风多,舍内温度也低,影响饲料转化率。春季和秋季,舍外气温适中,舍内温度较为适宜和容易控制,我国青年鸽与种鸽舍多是开放和半开放式,受舍外气温影响大,特别要做好冬季和夏季舍内温度的控制工作,即冬季要保温,夏季要防暑,保证鸽舍温度适宜稳定。通风降温、喷水降温、隔热降温、降低饲养密度和科学管理是夏季防暑降温的主要措施。

(二)舍内湿度控制

1. 湿度对鸽体的影响

湿度作为单一因子对肉鸽的影响不大,常与温度、气流等因素共同作用对肉鸽产生一定的影响。

2. 舍内湿度调节措施

(1)湿度低时:舍内相对湿度低时,可在舍内地面洒水或在地面和墙壁上喷水,水的蒸发可以提高舍内湿度。在冬季,乳鸽舍温度过低时可以喷洒热水、在供暖炉上放置水壶或水锅,使水分蒸发,增加湿度,避免喷洒凉水引起的舍内温度降低或雏鸽感冒。

(2)湿度高时:当舍内相对湿度过高时,可以采取如下措施。加大换气量,通过通风换气,驱除舍内多余的水汽,换进较为干燥的新鲜空气。舍内温度低时,要适当提高舍内温度,舍内空气水汽含量不变,提高舍内温度可以增大饱和水汽压,降低舍内相对湿度。特别是冬季或乳鸽舍,加大通风换气量会引起舍内温度下降,对此为改变舍内湿度可采取提高舍内温度的办法。

(3)防潮措施:保证鸽舍干燥需要做好鸽舍防潮,除了选择地势高燥、排水好的场地外,还可采取如下措施。

①鸽舍墙基设置防潮层,新建鸽舍待干燥后使用,特别是育雏舍。

②保证舍内排水系统畅通,及时清理粪尿、污水。

③尽量减少舍内用水。

④保持舍内较高的温度，使舍内温度经常处于露点以上。使用垫草或防潮剂，及时更换污浊潮湿的垫草。

（三）光照控制

光照影响种鸽的产蛋、孵化和乳鸽的生长发育。青年鸽光照时间过长，肉鸽性成熟时间早，鸽开产早；产鸽光照时间不足会使产蛋减少。光照控制是要保证鸽舍内的光照强度和光照时数符合要求，并且光线均匀。鸽舍一般采用自然光照与人工补光相结合。对于封闭式青年鸽舍，给予 7 h 15～20 lx 的光照即可，开放舍可以利用自然光照；产鸽舍应该给予 16 h 的光照，光照强度 15 lx。光照时间和光照强度要稳定，不能忽照忽停、忽明忽暗，保持光照系统正常使用和清洁卫生。

（四）舍内有害气体的控制

鸽舍内经常充满含有硫化氢、氨气、二氧化碳等有害气体。其中以氨气对鸽子的危害最大，如浓度超过允许范围，不但使鸽子易发生角膜炎、结膜炎、角膜溃疡等疾病，而且破坏呼吸道绒毛，降低抗病能力，此外，氨气还使鸽子生长缓慢。应采用综合技术措施，消除或控制鸽舍内的有害气体，创造良好的生活环境。

1. 适量通风

保证适量的通风，特别是注意冬季的通风换气，处理好保温和空气新鲜的关系。

2. 及时清理粪便

鸽舍内的粪便应每 1～2 d 清除 1 次，特别是球虫病流行的春末夏初时节，每天清除 1 次鸽粪。

3. 采用化学物质消除

在鸽的饲料中或保健砂中添加丝兰属植物提取物、沸石，或在鸽舍内撒过磷酸钙、活性炭、煤渣、生石灰等具有吸附作用的物质，均可不同程度地消除空气中的臭味。另外，利用过氧化氢、高锰酸钾、硫酸亚铁、硫酸铜、乙酸等化学物质也可降低鸽舍空气臭味。如用 4％硫酸铜和适量熟石灰混在垫料中，或者用 2％的苯甲酸或 2％乙酸喷洒垫料，均可起到除臭作用。

4. 中草药除臭

取艾叶、苍术、大青叶、大蒜、秸秆等适量放在鸽舍内燃烧，既可杀菌，又能除臭。

（五）微粒的控制

微粒是以分散胶体的形式存在于空气中的固体或液体微小颗粒。肉鸽舍中的微粒来源于肉鸽的活动、咳嗽、鸣叫，以及饲养管理过程，如清扫地面、分发饲料、饲喂及通风除臭等机械设备运行。控制微粒首先应改善肉鸽舍和肉鸽场周围地面状况，实行全面绿化。肉鸽场应远离饲料加工厂，分发饲料、更换和翻动垫草动作要轻。保持肉鸽舍地面干净，禁止干扫，保持适宜的湿度有利于尘埃沉降，必要时安装过滤器。

（六）噪声的控制

肉鸽对噪声比较敏感，特别是比较强的噪声作用于肉鸽会引起严重的应激反应，不仅影响生产，而且使鸽正常的生理功能失调，免疫力和抵抗力下降，危害健康，甚至导致死亡。因此，肉鸽场应建在安静的地方，远离噪声大的地方。生产中尽量使用噪声小的设备。场区周围种植林带，以有效地隔声。

注意事项

（1）低温能严重影响雏鸽的健康甚至死亡，低温时雏肉鸽表现为：互相拥挤叠堆，绒毛直立，身体蜷缩，尽量靠近热源，不愿采食，饮水减少，发出尖叫声。温度过低时，幼鸽易患感冒、腹泻等疾病，尚未吸收完的卵黄也因低温而不能正常继续吸收，鸽腹部大，体弱，甚至死亡。

（2）高温高湿环境中，肉鸽的抵抗力降低，传染病的发生率提高，热应激更严重。低温高湿时，肉鸽机体散热更容易，肉鸽体感到更加寒冷，加剧了冷应激，肉鸽易患感冒、风湿症、关节炎、肌肉炎、神经痛及消化道疾病（下痢）等。

（3）微粒落在皮肤上，可与皮脂、皮屑、微生物混合在一起，引起皮肤发痒、发炎。落在眼结膜上引起尘埃性结膜炎。微粒还可以吸附空气中的水汽、氨、硫化氢、细菌和病毒等有毒有害物质，造成黏膜损伤，引起血液中毒及各种疾病的发生。

知识拓展

消毒可以预防和阻止疫病发生、传播和蔓延。肉鸽场需有严格的消毒制度，要定期对场内外环境、鸽体、饮用水等进行消毒。使用的消毒药应安全、高效、低毒、低残留、对人与畜禽无害，常见的如氢氧化钠、过氧乙酸、石灰乳、漂白粉、苯酚、高锰酸钾等。由于消毒药的性状和作用不同，消毒对象和使用方法不一致，药物残留时间也不尽相同，使用时要根据药物特性和应用对象认真加以选择。

思考总结

1. 养鸽场场区的环境管理主要包括哪几点？
2. 鸽舍内的环境管理主要包括哪几点？

项目三

鸽的品种与选择

任务1　鸽的品种

目前，规模化养殖肉鸽的关键是要进行快速生产，提高鸽场经济效益，因此饲养优良肉种鸽是首要条件。近百年来，世界各地的养鸽工作者或养鸽爱好者通过杂交育种方法或定向选育方法，培育出40多个优良肉鸽品种。在生产中，应根据自己的饲养条件和生产目的选择适合自己饲养的品种。

一、国内主要优良肉鸽品种

(一)石岐鸽

1. 产地分布

石岐鸽(图3-1)是我国较大型的肉鸽品种之一，原产于我国广东中山市石岐一带，故命名为石岐鸽。石岐鸽适应性强，耐粗饲，就巢、受精、孵化、育雏等生产性能良好。

图3-1　石岐鸽

2. 外形特征

石岐鸽的体形与王鸽相似，但躯体比王鸽长。其标准外形为体长、翼长和尾长，头平、鼻长、眼细、胸圆、胫光。石岐鸽羽色较多，有红色、白色、浅黄色及其他杂色。成年雄鸽头较圆，额稍凸出，颈较粗，鼻瘤较大，其粉白色基部具有皱纹，喙较宽；成年雌鸽头较细长，额不凸出，颈较细，鼻瘤较小。

3. 生产性能

成年雄鸽平均体重为 750 g 左右，雌鸽为 650 g 左右，4 周龄乳鸽体重达 500～600 g，年产 7～8 对乳鸽，其乳鸽具有皮色好、骨软、肉嫩、味美（类似丁香花味）的特点。但其卵壳较薄，孵化时易被踩破，在繁殖期间应加强管理。

由于石岐鸽保种工作做得不好，加上近年来养鸽业的发展，外来鸽种较多，原有石岐鸽很多与王鸽、杂交王鸽等杂交，本地石岐鸽出现了退化的现象，纯种石岐鸽在原产地也较少见。

（二）杂交王鸽

1. 产地分布

杂交王鸽（图 3-2）又称东南亚王鸽或香港杂交王鸽，该品种是香港和台湾养鸽者利用美国王鸽与石岐鸽杂交选育出来的后代。它虽未形成固定品种，个体差异也比较大，但具有良好的繁殖性能，深受养鸽者的欢迎。

图 3-2　杂交王鸽

2. 外形特征

杂交王鸽体形较美国王鸽稍小，但又大于石岐鸽，介于两者之间。杂交王鸽的羽毛颜色多种多样，有白色、灰色、红色、黑色、蓝色、棕色、花色等。我国香港地区大多饲养这种杂交王鸽。

3. 生产性能

成年鸽体重：雄鸽为 650～800 g，雌鸽为 550～700 g，4～6 月龄的留种鸽平均体重为 650 g。杂交王鸽繁殖性能较好，每对杂交王鸽可年产乳鸽 6～7 对。乳鸽生长较快，2 周龄乳鸽毛重 400～450 g，3 周龄以上乳鸽毛重 550～650 g。

（三）良田王鸽

良田王鸽是广州市良田鸽业有限公司和广东省家禽科学研究所合作培育而成的肉用鸽配套系，是利用广东石岐鸽、美国肉用白王鸽等品种配套杂交而成的。

1. 外形特征

全身羽毛为白色，体形中等，外貌似白王鸽，胸部肌肉饱满，躯体中等，头、颈、尾部较似石岐鸽，尾羽稍上翘，呈小羽型，身体皮肤白色。

2. 生产性能

成年鸽体重：公鸽 700～780 g，母鸽 550～680 g。青年鸽体重：2 月龄平均体重 560 g，3 月龄平均体重 590 g；乳鸽上市体重(23～25 日龄)为 575 g。该种鸽生产性能高，第 1 年平均产蛋 12 窝，育成乳鸽 18.5 只；第 2 年平均产蛋 12 窝，育成乳鸽 18.2 只；第 3 年产蛋 11.5 窝，可育成乳鸽 18 只；第 4 年可育成乳鸽 16 只；第 5 年可育成乳鸽 15 只。如果产鸽生产 5 年后，年平均育成乳鸽低于 14 只，说明生产效益不高，已经不能产生较高的利润，故应淘汰年产乳鸽低于 14 只的产鸽。

(四)佛山鸽

1. 产地分布

佛山鸽是 1910 年广东省佛山养鸽人用本地鸽与鸾鸽杂交育成的品种，是我国著名的肉鸽品种。该种鸽目前市场上很少见。

2. 外形特征

佛山鸽平头，光腿，羽毛紧，目光锐利，颈部粗胖，与石岐鸽较为相似。所不同的是佛山鸽的体长较石岐鸽稍短，脚较石岐鸽稍短，尾羽平直，羽色多为灰二线、红条二线、白色。佛山鸽的羽色多为蓝色，而且多是牛眼(珠色眼)，带有红色、蓝色色彩。

3. 生产性能

佛山鸽生长快，繁殖率高，成年鸽体重 700～800 g，有的可达 900 g。种鸽每年可产乳鸽 6～7 对，1 月龄乳鸽体重可达 500～650 g。加工成食品的乳鸽色、香、味与石岐乳鸽很难分辨。

(五)公斤鸽

1. 产地分布

公斤鸽(图 3-3)又称昆明公斤鸽，产于昆明，由我国著名养鸽专家陈文广培育成功。

图 3-3　公斤鸽

2. 外形特征

该鸽体形偏长，以瓦灰色最多，也有雨点和其他毛色的。公斤鸽是肉鸽中飞翔力较强的品种之一，因成鸽体重达 1 000 g 而得名。

3. 生产性能

体重 1 000 g 左右，适应性和抗逆性强。幼鸽前期生长快、早熟、易肥、省饲料，经济效益高。

(六)太湖肉鸽

1. 产地分布

太湖肉鸽是 2001 年由江苏省苏州市吴江区一养鸽公司利用美国王鸽的优势性状育成的一个新品系肉鸽，因其地处太湖流域，故取名为太湖肉鸽。现已经推向全国。

2. 外形特征

太湖肉鸽羽色纯白、有光泽，体大、形态美，在保留美国王鸽特征的基础上，成年种鸽胸更宽，体更高而长。

3. 生产性能

成年体重可达 900～950 g，每对亲鸽年产乳鸽 8～9 对，4 周龄乳鸽的体重达到 600～650 g。

二、国外主要优良肉鸽品种

(一)王鸽

王鸽原名皇鸽，也称 K 鸽，是当前世界上最著名的肉用鸽品种，尤其是白羽王鸽，在质量上和产量上均名列前茅。该鸽按其培育用途不同，有观赏型和肉用型之分；按羽色分为白色、银色、灰色、红色、黄色、绛色和黑色等品种。我国于 1977 年从国外引进观赏型白王鸽和银王鸽，1983 年引入商品型，建立肉用王鸽场，并于 1988 年建立了王鸽高产品系繁育基地。

1. 白王鸽

(1)产地分布：白王鸽又称白羽王鸽，原产于美国新泽西州，于 1890 年利用羽色全白的公爵鸽、贺姆鸽、马耳他鸽及鸾鸽品种，采用四元杂交育成。现代的白羽王鸽在美国是最受欢迎的鸽种。由于在开始培育过程中单纯追求外貌体态的优美,而忽视了生产性能的提高,因此形成了生产率低的观赏型王鸽。后为改正这一缺点,选育的重点放在生产性能上,又育成了生产型的王鸽。

(2)外形特征:白王鸽现有观赏型和商品型两个类型。观赏型又称展览型,体重 800~1 000 g,全身羽毛纯白,头圆,前额凸出,嘴细,鼻瘤较小,胸阔圆,背宽,尾短而翘,不善飞翔,体态多姿。其繁殖性能较差,每对种鸽年产乳鸽 5 对左右,现今我国不少鸽场喜欢把它作为肉鸽饲养。商品型白王鸽也称商品肉用型白王鸽,成年体重 700~850 g,近年来可达 800~1 020 g,其全身羽毛为白色,身体较长,尾平,羽毛结实,尾羽略向上翘,体态丰满结实,体躯宽阔而不短,两腿直立而阔。

(3)生产性能:商品型白王鸽年平均产 6 对乳鸽以上,28 日龄乳鸽平均体重可达 500 g,乳鸽的屠宰率较高,每只净膛重 400~450 g,胴体色白,深受广大消费者喜爱。

2. 银王鸽

(1)产地分布:银王鸽(图 3-4)又称银羽王鸽,是美国于 1909 年在加利福尼亚州育成的,有两个来源:一个是用银色蒙丹鸽、银色鸾鸽、银色贺姆鸽和银色马耳他鸽四元杂交育成的;另一个是用银色鸾鸽和银色马耳他鸽二元杂交育成的。银王鸽有两个类型:观赏型和生产型。

图 3-4 银王鸽

(2)外形特征:银王鸽羽色并非银色而呈灰色,其头颈、肩部的颜色较深,翼羽上有 2 条具有青铜色光泽的深色羽纹。银王鸽比白王鸽体形长,成年鸽体重为 900~1 000 g,按其用途也分为展览型和商品型。展览型银王鸽与同型的白王鸽体形相似,表现为体大、身短、尾翘;商品型银王鸽与同型的白王鸽体形相似,较观赏型王鸽小,身体较长,尾部较平。

(3)生产性能:银王鸽生产性能、繁殖力较白王鸽高,并且性情温顺,易于养殖。观赏型银王鸽每对种鸽年产乳鸽 6 对,商品型银王鸽每对种鸽年产乳鸽 6~8 对。

图 3-5　卡奴鸽

(二)卡奴鸽

(1)产地分布:卡奴鸽(图 3-5)又名加奴鸽、赤鸽,为鸽界中人所喜爱的名鸽,它是产于比利时之南和法国之北的中级食用鸽,19 世纪才传入美洲、亚洲各国。

(2)外形特征:卡奴鸽的身型酷似筋斗鸽及王鸽,结实雄伟,有挺直之姿,身轻似燕,飞飞停停,喜欢在地面觅食或玩耍,粗颈短翼,阔胸矮脚,尖嘴头圆,尾巴斜向地面。卡奴鸽的眼睛很小,没有眼睑,虹膜黄色,羽毛艳丽,就巢性特别强,育雏性能非常好,受精孵化率高,育雏一窝接一窝,不停地哺仔,即使充作保姆鸽也可一窝哺 3 只,被公认为模范鸽及餐桌上的宠儿。法国鸽界将其作为展览及观赏鸽,其最名贵的羽毛为红色和黄色。美国鸽业协会认为卡奴鸽的标准羽色有 3 种,即纯红、纯白、纯黄,三者混合者亦可,黑色和褐色的均不合规格,主要因为这些乳鸽的屠体皮肤呈黑色,不利于厨师制作外观惹人喜欢的乳鸽食品。

(3)生产性能:卡奴鸽多产肥美的幼鸽,年产可高达 14 只乳鸽,每只重达 500 g 及以上。饲养卡奴鸽成本低、产量高,容易获利。有经验的食家也多喜欢吃卡奴幼鸽,原因是其肉厚、少脂肪,结缔组织丰富。

(三)鸾鸽

(1)产地分布:鸾鸽(图 3-6)又称仑替鸽、伦脱鸽、罗马鸽,原产于西班牙和意大利,是最古老的品种之一。鸾鸽的祖先是蓝色大石鸽,体形健壮,德国人称它为罗马鸽,是鸽中之王。许多国家都引进此鸽进行杂交改良和选育,美国大型鸾鸽就是例子。

图 3-6　鸾鸽

(2)外形特征:鸾鸽是目前肉鸽中体形最大、体重最重的鸽种。其特征是平头大脚,胸部凸出,体形短,肌肉丰满,性情温顺,不善飞翔。体长(喙到尾端)53.34～55.88 cm,胸围 38.1～40.64 cm。喙长而稍弯曲,眼睛明亮,眼环为红色,颈粗而长,胸宽而充实,背长而宽阔。尾宽长而末端钝圆,大腿丰满而粗壮,胫呈红色。羽色有黑色、白色、银灰色、棕色等。

(3)生产性能:美国大型鸾鸽的标准体重:成年雄鸽 1 400 g,成年雌鸽 1 250 g;青年雄鸽 1 200 g,青年雌鸽 1 150 g。鸾鸽性情温驯,不善飞行,抗病力较强,适宜笼养,易管理。鸾鸽繁殖力很强,年产仔 8～10 对。由于体重较大,孵化时常压碎蛋,因而繁殖率受到一定影响。28 d 的乳鸽体重可达 750～900 g。鸾鸽利用其优良基因与其他种鸽配种,在杂交中一般作为父系,其他鸽作为母系,这样所产生的杂交一代,在国际乳鸽市场竞争能力很强,非常受欢迎。该鸽的不足之处是乳鸽生长较慢,要到童鸽期才迅速发育,故引种的量和饲养的量都不如王鸽。

(四)大型贺姆鸽

(1)产地分布:贺姆鸽(图 3-7)很早就驰誉世界养鸽业,原有食用贺姆鸽和纯种贺姆鸽两个品系。1920 年,美国食用贺姆鸽、王鸽、蒙丹鸽和卡奴鸽经四元杂交育成新品系,即现在的大型贺姆鸽。肉用贺姆鸽曾是肉鸽市场的主要品种,后由于卡奴鸽、王鸽、蒙丹鸽的问世,贺姆鸽就开始衰落,但仍是育种的重要基因库之一。

图 3-7　贺姆鸽

(2)外形特征:成年雄鸽标准体重 680～765 g,重的可达 1 000 g;雌鸽 624～701 g。羽毛颜色很多,有蓝色、白色、红色、黄色、棕色和灰二线等。

(3)生产性能:此鸽繁殖力强,育雏性能一般,年产乳鸽 8～10 对,成活 5 对或 6 对。4 月龄乳鸽约重 600 g,肥美多肉,肉嫩,并带有玫瑰花香味,是美国市场的抢手好货。其种鸽是培育新品种或改良鸽种的好亲本。其主要缺点:繁殖性能较王鸽稍差;乳鸽生长速度快,但一过乳鸽期,体重增加的速度便明显减慢;育雏期的亲鸽及乳鸽的食量均很大,因而,王鸽的饲养量后来居上。

(五)蒙丹鸽

(1)产地分布:蒙丹鸽(图 3-8)又译为蒙腾鸽,原产于法国和意大利。在法国饲养非常普遍,因其不善飞翔,喜地上行走,行动缓慢,故又称地鸽或法国地鸽。

(2)外形特征:蒙丹鸽体形与王鸽相似,但不像王鸽那样翘尾。此鸽体形大,不喜飞翔,不愿高栖,喜欢在地上行走。羽色多样,有纯白色、纯黑色、黄色、灰二线等。这种鸽在欧洲南部分布较广,并且多与当地的原有鸽种杂交,形成了明显的地理差异。此鸽目前有四个类型:毛冠型、平头型、毛脚型、光脚型。现在世界许多国家都育成了自己的蒙丹种鸽,如法国蒙丹鸽、印度蒙丹鸽、美国蒙丹鸽、瑞士蒙丹鸽、意大利蒙丹鸽等。

图 3-8　蒙丹鸽

(六)拉合尔鸽

(1)产地分布:拉合尔鸽(图 3-9)原产于波斯,由于广泛分布于印度拉合尔城而得此名,1911 年引入德国后崭露头角。

图 3-9　拉合尔鸽

(2)外形特征:拉合尔鸽体形较王鸽、卡奴鸽小,头圆、眼大,脚短而有羽毛,羽色鲜艳,胸腔、腿、尾为白色,头、颈、背面及背部、翼羽则为另一种颜色,就像一条白色跑道从脸部,经胸部、腹部,直至尾部,又像是穿了一件披肩。头背和双翼布满花纹,英国的养鸽人称它为“裁缝师”,经世界各地改良后羽色有黑色、红色、黄色、褐色、蓝色及银灰二线等多种,是一种优良的肉鸽。

(3)生产性能:拉合尔鸽繁殖力强,就巢、孵化、育雏性能良好,年产乳鸽可达 10 对以上,肉味甘美。但它的乳鸽太小,在市场上竞争力不强,有待于进一步改良。由于其羽毛美丽,体形优美,眼睛大而黑亮,腿部羽毛漂亮非凡,故可兼作观赏鸽。

注意事项

(1)石岐鸽所产蛋蛋壳较薄。孵化时易被踩破,在繁殖期间应加强管理。

(2)由于杂交王鸽遗传性能不稳定,体形与毛色各异,在生产过程中容易发生品种退化,故必须不断进行选育,方能留作生产鸽。

知识拓展

1. 蒙丹鸽的种类

(1)法国蒙丹鸽:法国蒙丹鸽又名法国地鸽,于 1929 年之前在法国育成。我国的广东、上海、北京等地饲养有该种鸽,其体形与观赏型的白王鸽相似,呈方形,胸深而宽,体大笨重,龙骨较短,但尾短而圆且不上翘。羽毛颜色多样化,但以白色最普遍。成年鸽的体重:雄鸽 737～851 g,重者可达 1 000 g,雌鸽 680～794 g。法国蒙丹鸽产卵、孵化、育雏性能良好,年产乳鸽 6～8 对,4 周龄乳鸽体重可达 750 g,乳鸽全净膛重 450 g 以上。

(2)瑞士蒙丹鸽:瑞士蒙丹鸽原产于瑞士。此鸽比白王鸽体形稍大,体重也大,全身羽毛洁白,头形大小适中、较圆,喙中等大,鼻瘤小而光滑,两眼鼓圆明亮,眼环细窄且呈红珊瑚色,前额凸出,颈粗壮而浑圆,胸宽深,龙骨长短适中,背形圆,翼羽稍长而贴身,尾羽稍长而挺直,光腿。成年雄鸽重 794～907 g,雌鸽重 737～851 g。白羽瑞士蒙丹鸽性情温顺,保姆性好,育雏率高,年产乳鸽 7～8 对,3 周龄乳鸽体重可达 450～500 g。

(3)印度蒙丹鸽:该鸽利用印度哥拉鸽与法国地鸽和卡奴鸽等杂交育成。该鸽体形比美国王鸽稍长,比瑞士蒙丹鸽稍短,羽色有褐色、黄色、红色和黑白花色等。成年雄鸽重 780～850 g,雌鸽 700～800 g。

(4)美国蒙丹鸽:美国蒙丹鸽又称美国巨型毛冠鸽或美国巨头鸽,于 1940 年利用法国地鸽、鸾鸽、卡奴鸽等大型鸽杂交育成。除鸾鸽外,它是体形最大的鸽种。头上有毛冠,羽毛紧密,体躯短而浑圆,背宽而直,与卡奴鸽相似。成年鸽重 800～900 g,乳鸽体重可达 700 g 左右,具有良好的商品鸽性能,但本品种在我国尚未被普遍饲养。

(5)意大利蒙丹鸽:此鸽有两种形态,一种是平头,脚有毛;另一种是毛冠,但脚无毛。其羽色有黑色、白色、灰色、红色等。

2. 其他鸽品种

(1)信鸽(图 3-10):亦称“通信鸽”。信鸽可以飞行很远的路程,它的飞行速度很快,记忆力和视力都非常好。信鸽还有一种非常恋家的习性,也称恋巢性,无论飞到多远的地方,都想要回到自己的巢穴去。正是因为它的速度快、方向感强、恋巢的习性,让信鸽成为人们首选的传递消息的使者。一只信鸽,即便把它带到千里之外的陌生地方,它也能找到回家的路。

图 3-10　信鸽

(2)赛鸽(图 3-11):亦称“竞翔鸽”,专用于竞翔比赛的鸽子。人们从关养到放养的过程中,发现鸽子有认巢的性能,然后有意识地把鸽子带到异地并使之飞归原地,这就产生了通信鸽。当人们看归巢的鸽子有先有后,于是又萌发了用鸽子竞翔取乐的愿望,从而发展成为竞翔这一活动。

(3)鸡型鸽:亦称观赏鸽(图 3-12),专供人们玩赏,全世界多达 600 余种。我国玩赏鸽品种繁多,自成体系,为世界所公认,据不完全统计,有 200 余种,是祖国宝贵的文化财富。

图 3-11　赛鸽

扇尾　　毛脚

图 3-12　观赏鸽

思考总结

国内和国外有哪些有名的肉鸽品种？

任务 2　种鸽的挑选

种鸽在选择和配对前需要经历两次选优淘劣，第一次是在分栏饲养时，第二次就在配对时，如体形偏小、胸骨不正或有残疾等应及时发现、及时淘汰。

选留（购）种鸽时，首先必须判断鸽种是否纯正、优良。

一、乳（童）鸽的选择

选择系谱清晰、亲鸽生产性能好、健康无病的后代，乳鸽阶段发育正常，健康，体重达标，毛色纯正，体态优美，符合品种特征。

二、成年鸽的选择

成年公鸽体重在 750 g 以上，母鸽在 650 g 以上。优良的种鸽眼睛明亮有光，虹膜清晰，羽毛紧密而有光泽，躯体、脚、翅膀均无畸形，胸部龙骨直，脚粗壮，胸宽体圆，健康有精神，一般年产乳鸽 8 对以上，性情温顺，抗病力强，年龄在 5 岁以下。

成鸽的选择要求如下。

(1)选择繁殖力强的亲代种鸽：理想的高产种鸽 1 年能孵化 11 次，即每 33 d 产蛋 1 次，其中孵化用 18 d，15 d 养乳鸽。实际上如果不采用现代科技手段，这样高产的记录很少见。如果种鸽每 40～45 d 繁殖 1 对乳鸽，即每年繁殖 8 对，孵化、育雏也比较正常，则可算是高产良种。

(2)选择损失率较低的家系：损失包括无精蛋、发育中止蛋、死胚、孵化出壳后当天死亡的雏鸽、育成中死亡的乳鸽等。在鸽群中，正常的损失率一般是 25%。小鸽场及家庭饲养的损失率为 5%～18%时比较好。应将产卵数多、损失率低的种鸽的后代留作种用。

(3)选择温驯的种鸽：温驯的鸽子便于管理。温驯这种特性能够遗传，因此要尽量留下这种鸽子的后代作为种用。

(4)选择秋季不停产的种鸽：一般种鸽在秋季换羽期间会停产 1～2 个月，而良好的种鸽在秋季换羽时(8—9 月)也能继续繁殖，这是高产的重要特征。

(5)选择会喂仔的种鸽：会喂仔是优良种鸽的重要标志。观察每对鸽子，可以发现有的亲鸽喂仔很勤，有的连刚离巢而不属于自己的仔也喂。这种母性特强的种鸽，能养出肥壮的小鸽，这种小鸽留种以后也比较强健。所以，应选留特别会喂仔的种鸽的后代。

(6)选择抗病力强的种鸽：同一群鸽中，没有传染病史、繁殖的后代较健康的亲鸽的抗病力较强。选留这样的后代作种，可使下一代从遗传上获得抗病能力。

(7)选择体重合适的种鸽：从商品价值考虑，肉用鸽留种的理想体重是 0.75 kg。一般情况下，体重轻于 0.6 kg 的母鸽很难育出 0.75 kg 的乳鸽，体重大于 0.85 kg 的亲鸽年繁殖多数达不到 7 对。所以，低于 0.6 kg、高于 0.85 kg 的均不宜留种。

注意事项

(1)选种是保持及改良肉鸽优良品种和培育肉鸽新品种的重要手段。从长远利益看,不断选择能进一步提高种鸽品质。从某一个鸽场看,不断注意选种工作,建立品质良好的种鸽核心群,防止品种退化,是保证鸽场具有较高经济效益和市场竞争力的重要措施,直接关系到鸽场的发展前途。

(2)肉鸽后代的优劣与双亲的遗传性是密切相关的,但遗传性受生活环境和条件的影响是很大的。

知识拓展

1. 种鸽的主要性状

过去的选种工作十分重视鸽的体形外貌,而现代的选种标准则侧重于经济性状。在肉鸽选种时,首先要考虑以下几个性状:①早期(初生、3 周龄)体重;②成年体重;③乳鸽料肉比;④屠宰率(半净腔率、全净腔率);⑤胸肌率;⑥腿肌率;⑦开产日龄;⑧产蛋量;⑨种蛋受精率、孵化率。

2. 种鸽的基本要求

饲养肉用种鸽的根本目的是生产食用乳鸽,故选择种鸽时应以生产性能为主要指标。优良高产种鸽(F_0 代)符合本品种特征,健康,无疾病;成年雄鸽体重达 800 g 以上,成年雌鸽达 700 g 以上;肉用种鸽的外貌要求是结构匀称,发育良好,体格健壮,性情温驯,采食性强,额宽喙短,眼大有神,胸部宽而深且向前凸出,龙骨直,腹大而软,背平宽而长,羽毛光洁润泽且紧贴体躯。雄鸽的耻骨坚硬,雌鸽的耻骨细软而宽,但尾不能着地。孵化育雏能力强,一般要求第 1 窝就能正常孵化、育雏;种蛋受精率、孵化率、健雏率、育雏率高,一般能达 90%以上;并且繁殖周期短,应在 30～40 d,一般要求每对种鸽年产蛋 8～9 窝,出雏乳鸽 14 只以上。20 日龄乳鸽平均体重达 400 g 以上,28 日龄乳鸽平均体重达 600 g 以上。

思考总结

1. 简述引种的一般步骤。

2. 选种时应从哪些方面进行综合考察分析?

项目四

鸽的繁育技术

任务1　鸽的繁殖行为和配对

一、繁殖行为

1. 性成熟

不同品种的鸽，性成熟的年龄也不相同。一般肉鸽5～6月龄达到性成熟，但时间多在6月龄。肉鸽的性成熟月龄不仅因品种而异，还会受饲养环境、光照时间等因素影响。

2. 求偶

求偶行为(图4-1)是鸽追求异性的表现与行为。求偶行为的初次出现，表明已达性成熟，对野鸽则标志其已进入繁殖季节。雄鸽多围绕着雌鸽，或同时自转且不断地咕咕鸣叫，如对方愿意，则先进行喙的接吻，然后进行交配。5～7月龄的肉鸽已进入性成熟阶段，并表现出各种求偶行为。雌、雄鸽互相接近，雄鸽频繁追逐雌鸽，在雌鸽周围打转，频频点头，不断发出“咕咕”的叫声。雌鸽在雄鸽“求爱”动作的刺激下，也变得喜欢接近雄鸽，彼此梳理头

图4-1　求偶

部和颈部的羽毛，相互亲吻，称为鸽吻(图 4-2)。

图 4-2　鸽吻

3. 交配

经一方求偶行为的试情后，对方如顺从，则进行交配(图 4-3)。通常雌鸽先表现出愿配姿态，即蹲下身躯，张开两翅，表示愿意接受交配。雄鸽蹬上其身，脚踩其背，用喙啄住雌鸽头颈部羽毛，雌鸽的尾部转向一侧，翻出泄殖腔；与此同时，雄鸽躬身，尾部向下展开，也翻出泄殖腔，两者的肛门相接。雄鸽排精后，由雌鸽背上下来。雄鸽可能轻快地转圈走动或振翅。雌鸽站起，摇身以抖土整羽。交配行为除激素影响外，也受丘脑下部视前区的控制。

图 4-3　交配

4. 营巢

筑巢做窝是鸽的天性，雌、雄鸽配对后就会寻找材料筑巢。一般在产蛋前 3～4 d，雌、雄鸽不分离，雌鸽在前面走，雄鸽在后面追，这是雌鸽快下蛋的一种征兆，俗名“追蛋”。在产蛋前雄鸽首先伏巢，伏巢时发出“咕—咕—咕”的鸣叫声，诱导雌鸽在此下蛋。当雌鸽伏巢后，雄鸽则外出寻觅细树枝、草等衔进巢内，供雌鸽编织巢窝。产蛋后，在雄鸽孵化当班时，雌鸽也要外出衔草，加固巢窝。一般种鸽舍中要事先准备好鸽巢，以免延误鸽产蛋时间。另外，要经常检查鸽巢垫料是否充足，防止鸽将蛋踩破。

图 4-4　种鸽产蛋

5. 产蛋

一般鸽配对后 7～10 d 便开始产蛋(图 4-4)。产蛋前雌鸽常蹲伏于巢盆内,雄鸽衔草,雌鸽做巢。雌鸽出巢时,雄鸽常追逐雌鸽回巢,雌、雄鸽形影不离,时常相吻。

鸽子蛋的形成、产下,约需 6 d 时间。一般雌、雄鸽配对后 10 d 左右即可产蛋。鸽在 1 个产蛋期中通常产 2 枚蛋。一般情况下,1 个繁殖周期 45 d 左右,繁殖性能好的雌鸽,可以在上一窝蛋的孵化期间就产下一窝蛋,或尚处于育雏期就开始产蛋,使繁殖期缩短为 35～45 d。如果只让雌鸽产蛋而不给孵蛋,差不多 10 d 左右就产 1 窝。雌鸽的产蛋性能带有季节性差异,春季的产蛋率高于其他三季,秋季最低,为此在饲养管理上要重视春季。

6. 孵化

孵化(图 4-5)是鸽繁殖的本能。孵化的时间多在两个蛋产下后开始,雌、雄鸽轮流孵蛋。一般雌鸽孵蛋时间在 16:00 至第 2 天 9:00 左右,雄鸽在 9:00 左右至 16:00 左右替换雌鸽孵蛋。这种轮换时间随地区的不同稍有差别。但通常情况下,白天多由雄鸽孵蛋,夜间多由雌鸽孵蛋,当然这种时间上的分工也不是一成不变的。当一方偶尔离巢时,另一方就会主动接替。有时雄鸽偷懒离巢,则雌鸽也会追其回巢继续孵化。所有的鸽所产的蛋,其孵化期相当一致,均为 17～19 d,绝大多数为 18 d。其中小型鸽的孵化期略短于大型鸽;夏季较冬季稍短。

7. 出壳

在啄壳前,鸽胚用齿状突顶破蛋壳,使之凸出成一梅花形小包的动作,称为起嘴。鸽胚在起嘴后,继续沿着蛋的钝端气室处,用齿状突将蛋壳顶破的动作称为啄壳。啄壳一般以顺时针方向进行。鸽出壳后不久,齿状突即自动脱落。鸽胚由蛋内破壳而出的动作称为出壳。啄壳完成后,鸽胚用原在右翼之下的头部向前顶,用屈曲在腹部的两腿向后蹬,一般是将钝端的已破壳部分顶开,然后雏鸽爬出壳外(图 4-6)。

图 4-5　种鸽孵蛋

图 4-6　出壳

二、鸽的配对

配对是鸽繁殖特点之一。肉鸽 5～6 月龄即达性成熟，这时鸽变得非常活泼，情绪不稳，早晨“咕噜咕噜”的啼叫声比平常嘹亮，称为发情期。鸽到了发情期会自行交配、繁殖后代，这是鸽的自然繁殖法。肉鸽一年四季均可配对，在生产实践中，为防止鸽退化，必须采用人工配对的方法，培育优良后代。

（一）配对前的准备

雌、雄鸽分栏后，应加强饲养管理工作，一般要注意以下三点。

1. 控制留种鸽体况

种鸽太肥造成雄鸽精液品质不良、精子少或精子畸形率高，雌鸽会出现产蛋少甚至不产蛋等情况，从而会影响配对后的生产性能。种鸽太瘦往往是营养不良的表现，种鸽易患营养性疾病，从而影响精子、卵子形成。配对前，日常饲料的供给一般以每天 2 次为宜，每次可让鸽吃九成饱，不限制饮水，控制留种鸽适宜体况以利于提高繁殖力。

2. 增强鸽的抗病力

为增强种鸽的抗病力，预防疾病，在配对前应进行药物预防与驱虫。预防可在配对前 15 d 给予种鸽红霉素、磺胺类药物等，预防鸽的传染病；用盐酸左旋咪唑或驱蛔灵驱虫；鸽群每周洗浴 1 次，最后一次洗浴时，在水中加入适量的敌百虫，以杀灭鸽的体外寄生虫。

3. 鸽舍、鸽笼及用具的准备

新建的鸽舍应对内部进行整理。鸽笼可根据鸽的大小设计。大群饲养一般为 3 层笼结构，鸽笼可做成长方形，配齐水槽、食槽、保健砂杯及产蛋巢等。家庭饲养的小型鸽舍可利用阳台或门前地面，用竹条或铁丝网围起来。进鸽前 1 周应对舍内外环境全面消毒，可用福尔马林和高锰酸钾熏蒸或用 2%～3%烧碱溶液喷雾。

（二）配对原则

1. 年龄相同或相近

种鸽需在其性成熟（5～6 月龄）后进行配对，配对种鸽应年龄基本相近，或是以大雄配小雌，或是以小雄配大雌。

2. 血缘关系遥远

配对雌、雄鸽双方血缘关系应较远，本品种内应相隔 3～5 代，严禁同胞相配，人工配对时尤其应当注意这一点。

3. 体格大小相近

为避免种鸽交尾困难或一方难以承受，配对的雌、雄鸽在体格上不要相差悬殊。

4. 羽色一致或相近

选配双方应羽色一致或相近，切忌羽色差异较大，否则会影响种群素质与生产性能。

（三）配对时间

肉鸽性成熟因品种、饲养管理条件不同而有所差异。有的饲养者认为肉鸽只要性成熟，即应配对繁殖，而且越早越好；有的饲养者则认为，肉用鸽配对时间应控制到 6 月龄以上，有利于肉鸽体成熟及繁殖年限的延长。一般以生产商品乳鸽为目的的肉用鸽 6 月龄即达性成熟，这时就可以配对繁殖。

（四）配对方法

鸽的求偶过程需要一段时间，然后频频亲吻，达到了亲密无间的状态后，才发生交配行为。而且一经交配，终生不渝。鸽一年四季均可配对，配对的方法通常有自然配对和人工配对两种。雌雄鉴别水平比较高的宜采用人工配对，相反则应采取自由配对方法。目前大中型肉鸽场多采用人工配对方法，饲养量较少的多采用自由配对，有的是两种方法结合使用，生产中应根据自身实际情况选用配对方法。

1. 自然配对

自然配对就是让成群的鸽各自找对象,两两配合成对。它又可分大群自然配对和小群自然配对。一般大群配对时间比小群要长,因为小群空间较小,接触机会多,完成配对的时间可大大缩短。自然配对省工省时,管理方便,不会发生打斗,配对后感情融洽,繁殖正常,凡是进行商品乳鸽生产的鸽场都可用此法配对投产。但自然配对的缺点较多:第一,鸽配对周期长,约需 1 个月;第二,易造成近亲交配;第三,易发生早配;第四,自然配对的鸽常导致品种、毛色、体形、体重等差异,不利于获得优良后代;第五,遇到有少数雄肉鸽特别活跃和多处强占巢穴时,配对率低。配好对的生产鸽可笼养,也可群养。

2. 人工配对

人工配对是人为地选择雌、雄鸽放入生产鸽的鸽笼中,让双方接近、配对繁殖。人工配对适于各品种配对和各种形式的鸽场,特别适于笼养肉鸽的配对。上笼前,先检查配对鸽的体重、年龄及健康状况,符合标准的才可选择上笼。一般情况下配对较易成功,但有时出现争窝、打架现象,就要采取人工强制配对的方法:采用专用配对笼,笼中间用隔网隔开,1 个笼子放 1 对,通过隔网相望而不能打斗,等到两只鸽子彼此熟悉建立感情后,拿去隔网,配对就容易成功。另外,肉鸽在育种时往往是人工选择经济性状有利于生产的不同鸽子配对,这时不同雌、雄鸽争窝打斗现象也比较严重,也需要用配对笼进行人工强制配对,具体做法是先将雄鸽按品种、毛色等有规律地上笼,把同品种、同羽色的鸽放在同一排或同一间鸽舍内,雄鸽上笼 2～3 d 熟悉环境后,用同样方法选择雌鸽上笼。当雌鸽与雄鸽熟悉后,两鸽相互接近,彼此不发生斗架时,便可抽出隔网板,让其配对。这种方法的优点在于可防止近亲交配,可以按照人为意志选育,并且完成配对时间短,只需几天就能完成。

人工强制配对法的采用,往往体现了一定程度的育种目的,是建立核心群的手段之一。人工强制配对有时会失败,其原因是:第一,雌雄鉴别不准确,比例失调,造成配而不成对。第二,鸽群的个体没有全部达到成熟阶段,月龄大小悬殊。第三,配对笼或配对棚舍不够,以及配对方法不当等。

(五)单身雌雄鸽的处理

在一个鸽场内,总会存在少量单身雄鸽或雌鸽的情况。养鸽场以单身雄鸽居多，其原因是选留乳鸽时喜欢挑选体大健壮者，而这类鸽多为雄鸽；另外，雌鸽较易患病死亡，死亡率是雄鸽的 2 倍以上。在生产实际中，要尽量减少单身雄鸽或单身雌鸽的存在，更不能在配好对的生产鸽群的养鸽舍内存在单身雄鸽或单身雌鸽，否则会干扰配对生产鸽的正常生活，导致无精蛋的出现。因此，发现单鸽后，要单独关养在鸽笼中，用来在配对的鸽中一方死亡或淘汰时作为替补。多余雌鸽可采用一雄二雌繁殖法，这样能减少雄种鸽的饲养数量，节省饲料，提高经济效益。

（六）拆对

为了尽可能让种鸽多产乳鸽，发现那些繁殖性能比较高的亲鸽，一般不应将其拆对。但以下特殊情况必须拆对，进行重新配对：①连续出现无精蛋、畸形蛋等；②雌鸽与雄鸽配合不当；③配对鸽的幼鸽性状表现不理想。

通常重新配对的肉鸽在哺育了 1～2 窝之后，才能抵御原配偶的吸引，同时肉鸽对旧舍的记忆能保持 1 年以上的时间。所以，应针对肉鸽的记忆特点，采取防范措施。

注意事项

1. 种鸽要适时配对

过早配对，不仅繁殖初期生产的乳鸽商品率低，而且不利于种鸽自身发育成熟，容易出现“早衰”；配对过晚同样影响鸽群总体繁殖率，而且增加生产成本，影响肉鸽养殖的总体经济效益。

2. 自然配对应注意的问题

第一，留种用的青年鸽最好将雌鸽与雄鸽分开饲养，到 5～6 月龄性成熟后，按雌雄比 1∶1 放养在一间鸽舍内自由配对。第二，小型鸽场，留种数量少，群养鸽舍少，可将不同月龄、不同性别的青年鸽饲养在一起，让其有先有后地自由配对，把配对好的鸽及时捕捉上笼，进行笼养。第三，配对鸽群的雌雄比例要基本相等。第四，网笼内必须有充足的水槽和食槽。第五，窝巢要比配对数多几个。第六，如有一雄二雌或一雌二雄现象，应及时清除一只，保证一雌一雄配对。第七，发现已配对鸽不进巢，要“强迫”其迁入空巢，应将这种鸽单独放在黑暗中关闭 1～2 d，不喂食，不喂水，然后再放回空闲的巢房，并用铁丝网临时封闭巢房。第八，某些好斗雄鸽有时强占数个巢房，也可按上述方法处理，如果仍然好斗，可再重复一次，若不行即淘汰。

3. 人工配对注意事项

第一，注意雌雄鉴别，防止错配。第二，注意观察上笼后的种鸽动态。人工配对的头三天要多观察，发现打斗激烈的应分开重配。第三，配对后每笼鸽要适当关闭1～2 d，让其适应自己的巢窝后再放出自由活动，这样才不致出现争窝、打架现象。第四，配对种鸽必须达到性成熟月龄，而且体重不能太悬殊。

人工强制配对方法供少数特别活跃的易打斗的雌、雄鸽或肉鸽人工育种采用，不宜大面积采用，否则会费时费力不划算。

4. 配对异常情况的检查

检查有无同性配对；检查有无雌鸽不成熟或一方恋旧；检查产蛋有无异常；检查有无踩碎蛋或不孵蛋。

知识拓展

肉鸽的繁殖性状是可以遗传的，如果发现全年繁殖的肉鸽，也就是繁殖性能比一般鸽子高的肉鸽，可考虑把它选留，作为高产鸽重点培养。

思考总结

1. 肉鸽的繁殖行为如何表现？
2. 肉鸽的配对过程是如何完成的？

任务2　鸽的繁殖过程

鸽的繁殖能力因品种不同而异，一般5岁后繁殖能力开始衰退，5～7岁雄鸽仍可配种，饲养好的10岁以上仍有繁殖能力。群养自然繁殖，低产的每年产4～5窝，一般良种每年7窝左右，个别高产的可达每年9～10窝，最高产达每年11窝。据近几十年试验观察，种鸽达到一定体重以后，个体越大，产蛋周期越长。体重在0.5～0.7 kg的高产种鸽每年可产9～10窝，而0.75～0.9 kg的种鸽每年产5～6窝。体形大的种鸽还有经常踩碎蛋和不会喂仔等缺点。所以在目前的技术条件下，评定优良种鸽并不是越大越好。

一、鸽的正常发育繁殖过程

种鸽在正常情况下每40～50 d产卵1次（现在人工培育的高产种群每31～35 d产卵1次），每次产卵2枚，每窝孵化18 d（夏天稍短，冬天稍长），8—10月是鸽的换羽期，此时产卵少或停产（高产种群换羽期不停产）。同窝孵出的多数为兄妹鸽（即一雄一雌），体大者为雄，体小者为雌，也有两只都是雄鸽或雌鸽的。雏鸽从出壳到自己会采食需要25～30 d。一般30日龄的雏鸽可离窝，40日龄的幼鸽会飞翔，50日龄的幼鸽开始换下第一根翼羽（初级飞羽），俗称“吊一”，以后每隔15～20 d换下1根翼羽，但也有开始时2根翼羽同时脱换的，体弱或疾病会使幼鸽推迟或停止换翼羽。

1. 配偶

幼鸽一般在4.5～5月龄开始发情（早熟品种4月龄开始发情），此时只是性成熟，还未达到体成熟，所以不宜繁殖。但在自然群养条件下会出现早配早产，由于生理上的因素，这样繁殖的第一窝仔很难养成（个别早熟品种例外）。鸽到6月龄时，可以交配正常繁殖。一般家庭初学养鸽，最好选购青年预备种鸽，以3月龄（90 d）青年种鸽为好，购来后饲养观察1个多月，种鸽适应并开始发情，这时，4月龄（雄鸽开始追逐雌鸽的时候）的雌雄鸽在鸽群中已自然配好对，可以将配对雌、雄鸽分别捉进鸽笼，自然繁殖。有经验的鸽场饲养数量较多，可以批量购进2～3月龄的幼鸽，分40～50对为一群，分群养到自然配对，然后逐步将自然配成对的种鸽移入繁殖种鸽舍。

2. 产卵、孵化和育雏

鸽子交配后7～9 d便开始产蛋，通常是第一天产1枚，隔1～2 d再产1枚（2枚蛋产出的时间一般间隔36～48 h）。有的年轻种鸽产下第一枚就开始孵化，而多数产鸽都是在产下第二枚蛋以后孵化。在孵化过程中，雌、雄鸽轮流孵蛋，一般雌鸽孵蛋时间在下午5时至翌日上午9时左右，雄鸽孵蛋在上午9时至下午5时左右，这个轮换时间随地区的不同稍有差异，但在通常情况下，白天多由雄鸽孵蛋，夜间多由雌鸽孵蛋。亲鸽对所孵的蛋十分爱护，假如雄鸽在孵化时间偶尔离巢,雌鸽会主动接替,不让蛋受凉。

在雏鸽出壳前2～3 d,亲鸽为哺育幼雏做准备,进食量比平时增多。雏鸽出壳后,亲鸽的嗉囊在脑下垂体激素的作用下会分泌出一种特殊的乳状液体——鸽乳,用来育雏。哺乳时,亲鸽和雏鸽嘴对嘴喂食。以后随着雏鸽发育长大,亲鸽逐渐改用食进嗉囊中已软化的饲料来灌喂。雌、雄鸽都能分泌鸽乳,共同哺乳。雄鸽也能泌乳和哺乳,这是鸽与其他哺乳动物最大的区别。在育雏期间,如果亲鸽中有一只不幸死去,另一只也能坚持哺育,直到雏鸽可以独立生活为止。也有个别不哺育的,在这种情况下,可将幼雏放到大致同龄的雏鸽窝中寄养,让"保姆鸽"将它养大。如果人工哺喂小粒软化食物,虽能养活,但雏鸽身体虚弱。

二、自然繁殖注意事项

1. 选种

选种要注意三个环节:一般良种肉鸽1月龄体重达0.55 kg以上可选作种用,但以性成熟时雌鸽0.55～0.65 kg、雄鸽0.60～0.75 kg为好,优良的种鸽繁殖场选种原则是低于0.5 kg和高于0.85 kg的种鸽都淘汰;同窝的一对兄妹应拆开配对,防止近亲繁殖造成品种退化;配对繁殖后,还要连续考察3～4窝。凡是生1个蛋、抱窝常踩烂蛋、不会喂仔或懒得喂仔的,都要淘汰。

2. 拼蛋孵化

同时有几窝都是产1个蛋的,可以两三窝合并成一窝孵化。孵到中途若有死胚蛋,除掉后,剩下单个发育正常的蛋,也可以两三个合在一起孵,途中有个别先出仔,剩下的蛋可移给另一窝孵。总之,在孵化过程中蛋是可以按入孵时间大体一致,进行合并和随意调换的。

拼蛋孵化可以提高产鸽的孵化效率,缩短产鸽的繁殖周期,提高乳鸽产量,节约饲料。但是,必须具备相应的条件,并掌握关键技术,拼蛋孵化才能成功。

3. 专门产蛋

有的优良种鸽产蛋多且好,就是不会孵蛋和育雏。可让这种鸽专门产蛋,产出的蛋全部移给会孵蛋育雏的小种鸽孵化,而将小种鸽产的蛋作为食用蛋处理,这样可提高生产效率和肉鸽品质。在大型鸽场常用这一方法来育种。

三、鸽的人工孵化

采用人工孵化方法，可避免孵化时压破种蛋，防止鸽粪污染，减少胚胎中途死亡等不利因素，提高肉鸽孵化率和出雏率，缩短种鸽产蛋周期，加快繁殖速度，提高繁殖率。一般人工孵化比自然孵化可降低破蛋率10.5%，降低死胚率15.8%，提高出雏率21.6%，雌鸽产蛋周期由63 d缩短为50 d。以此估计，产鸽产蛋率可提高近4倍，应在肉鸽生产中及早推广应用人工孵化技术。鸽的自然繁殖与人工繁殖的不同点见表4-1。

表4-1　鸽的自然繁殖与人工繁殖的不同点

不同点	人工繁殖	自然繁殖
种鸽利用年限	短	长
孵蛋方法	孵化机孵蛋	种鸽孵蛋
是否采用生态同步技术	采用	不用
孵化前种蛋是否消毒	消毒	不消毒
能否防止鸽病垂直传播	能	不能
孵化蛋破损率、死胚率	少	多
受精蛋孵化率	提高9%～10%	不提高
繁殖周期	缩短	不缩短
能否提高产仔窝数	比自然繁殖每年提高4～5窝	不提高

(一)种蛋的管理

影响种蛋孵化率的因素有三方面：一是种蛋的质量，二是种蛋的管理，三是孵化条件。种蛋管理的好坏直接影响种蛋的孵化效果，因此，种蛋管理是提高孵化率的基本前提之一。

1. 收集种蛋

种蛋收集时，首先应确保种蛋来自饲养管理正常、健康而高产的种肉鸽，受精率要高。受精率低，患传染病和有慢性病的种鸽所产的蛋，均不宜作为种蛋。种蛋应及时拣拾。在拣蛋过程中和拣蛋完毕后，将明显不符合孵化用的蛋(如破蛋、脏蛋、各种畸形蛋)挑出。收集完毕后种蛋立即消毒或送至孵化场消毒。

2. 挑选种蛋

种蛋的品质是保证孵化率和乳鸽质量的物质基础。没有高品质的种蛋，孵化率和雏肉鸽质量也就无从谈起。因此，孵化之前，需仔细进行种蛋挑选。

种蛋应选择大小均匀、椭圆形、乳白色、表面光洁、色泽新鲜、无污斑的清洁蛋，蛋形指数为1∶(1.3～1.35)，蛋重在20～22 g。若有少数轻度污染的蛋要入孵，应认真进行处理，方法包括擦拭、洗涤、消毒等。细长、短圆、橄榄形(两头尖)、腰凸等形状的种蛋均视为不合格。蛋壳过厚、钢皮蛋、砂壳蛋、薄壳蛋及钙沉积不匀的蛋均应剔除。蛋壳过厚，孵化时蛋内水分蒸发过慢，出雏也困难。蛋壳过薄，蛋内水分蒸发过快，也不利于胚胎发育。在生产上一般通过照蛋透视挑出裂纹蛋和气室破裂、偏气室、气室过大的蛋及大血斑蛋，方法是用照蛋器在灯光下观察。

3. 种蛋的保存

种蛋的保存条件、时间等对种蛋品质有很大影响，而种蛋品质与孵化的成败密切相关。如果保存不当，不但会导致孵化率下降，还会影响乳鸽的品质。种蛋首先应保存在适宜的房舍或蛋库里，房舍或蛋库的要求是：隔热性能好，清洁卫生，防尘沙，通风良好，不得有穿堂风，并能杜绝蚊蝇和鼠类。种蛋保存室要求保存温度为18～21 ℃，相对湿度75%左右。种蛋保存的最佳时间为2～5 d，最好不超过7 d。当种蛋需较长时间(超过7 d)保存时，需每天将蛋翻动1～2次，尤其超过14 d，更需要注意翻蛋，以防粘壳。

4. 种蛋的消毒

蛋从母体产出时会被泄殖腔排泄物污染，接触到垫草，会进一步污染，过脏的蛋很容易辨认，能及时淘汰出去；轻度污染的蛋难以察觉，很容易被忽视。种蛋可采用药物熏蒸、浸泡等方法消毒，生产中常用熏蒸法。

浸泡法常用含5%的新洁尔灭原液加50倍水，配成0.1%(1∶1 000)的水溶液，可立即杀死蛋壳表面的细菌。蛋浸入冷药液中，壳膜遇冷会收缩，消毒液会从气孔渗透而入，能杀死蛋内部分细菌。

(二)孵化条件及要求

1. 温度

温度是肉鸽胚胎发育所需的首要条件，只有适宜的孵化温度才能保证肉鸽蛋中各种酶的活性，从而保证正常的胚胎代谢和生长发育。鸽蛋较小，受外界温度影响比较大：温度过高，会造成死胚增多；温度低，破壳会推迟，死胚多，乳鸽卵黄吸收不良，易造成弱雏而死亡。生产中，孵化温度受多种因素的影响，随季节、气候、孵化方法和入孵日粮不同而略有差异，应在适温范围内灵活掌握。

2．湿度

湿度与蛋内水分蒸发和胚胎的物质代谢有关，适宜的湿度可以保证胚胎的正常发育。水汽具有良好的导热作用，一定的湿度可以降低孵化器的温差，使孵化中的胚胎受热良好。适宜的湿度可使孵化后期的胚胎散热加强，缓解后期高温的不良影响。湿度也与胚胎的破壳有关，出雏时在足够的湿度和空气中二氧化碳的作用下，蛋壳的碳酸钙可变为碳酸氢钙，使蛋壳变脆，有利于乳鸽破壳。湿度过高则影响蛋内水分正常蒸发，使乳鸽卵黄吸收不好，腹大，脐部愈合不良。高温低湿时，蛋内水分蒸发过多，容易引起胚胎和壳膜粘连，引起雏鸽脱水，出壳后的乳鸽毛色焦黄、卷曲。

3．通风

胚胎在发育过程中，不断吸收氧气和排出二氧化碳，尤其是在胚胎由尿囊呼吸转为肺呼吸后，其需氧量要比前期增加上百倍。此阶段保证足量的新鲜空气供给是极为重要的，它关系到孵化的成败。一般要求孵化器内空气中氧气的含量不得低于20%，而二氧化碳的含量不得超过0.5%。若二氧化碳的含量达1%时，胚胎发育迟缓，死亡率增加，出现胎位不正和畸形等现象。夏季和秋季，外界温度和机内温度相差很小，孵化机风门可以全开或打开一半；冬季和春季，外界气温低，应减少内外冷热空气的交流，风门打开一半或全部封闭，保证孵化机内温度恒定。孵化室（厅）内的通风换气也是一个不可忽视的问题，应备有排风设备。

4．翻蛋

翻蛋也称转蛋，其目的是防止胚胎与蛋壳粘连，促进胚胎运动，保持正常胚位。翻蛋还能调节蛋面温度和湿度，使整个蛋面受热均匀，发育整齐，便于集中出雏。翻蛋时动作要轻、稳、慢。在孵化前期和中期，翻蛋对孵化效果影响较大；到孵化后期，特别是出壳前几天可不再翻蛋；而在出雏期间必须停止翻蛋。

（三）孵化操作

随着科学技术的进步，我国孵化机的研制和生产已达到很高的水平。机械孵化已广泛被采用，具有保温性能好、自动调节温湿度、自动翻蛋、操作简单、孵化量大、孵化效果好等优点。孵化器种类较多，其构造、工作原理、操作规程等可因机型的不同各有差异，但其生产过程大体上是相同的，现简介如下。

1. 孵化前的准备

（1）制订计划，建立制度：应根据设备条件、种蛋数量及乳鸽销售、留种等具体情况，制订出孵化计划，使孵化工作有条不紊。同时，制订孵化员岗位责任制、孵化操作技术规程及奖罚制度。

（2）孵化室及所需用品的准备：孵化室的温度要求在 22～25 ℃，相对湿度应为 60％～65％，有良好的通风条件。孵化室的地面应平坦、坚固，地面、墙壁要经得起高压冲洗消毒。孵化前一周，一切用品应准备齐全，包括照蛋器、温度计、消毒药品、记录表格、易损电器元件、电动机等。

（3）孵化器的检查：检查箱体外观是否平整，孵化器门及把手开关是否灵活、关闭严密，尤其注意门四周的密封垫是否老化或完整。

①加热搅拌系统：主要检查皮带轮转动有无异声，转动是否灵活，上、下、左、右晃动是否在正常范围，风扇叶有无扭曲变形，叶片螺丝有无松动，加热管有无损坏等。

②加湿系统：主要检查加湿滚筒、水盘是否清洁，水盘与水管衔接有无漏水现象，以免影响加湿效果。

③通风系统：主要清除通风系统内及附近的杂物，检查通风系统工作是否正常。

④翻蛋系统：主要检查减速箱和涡轮和涡杆的传动配合是否紧密、平稳、自如。

⑤冷却系统：以清理积尘、膏油和检查冷却效果为主。

检查蛋盘的托架与蛋车车轮是否转动灵活，蛋车能否被锁定在固定位置及翻蛋游离端钢板有无变形等，用柴油清洁车轮轴承及传动机构并注润滑油。一般要在孵化前一周左右对孵化机、出雏机进行开机运转，对孵化器整体性能进行全面系统的检查。通过反复测试和观察，孵化器工作性能一切正常后再对孵化器报警系统进行一次检查。在一切均无异常情况下，再试机 1 d。孵化器的消毒应在试机前进行。对孵化器内温度进行测试后，应对孵化所用的温度计、蛋温计、水银导电表等，统一用标准温度计校正。

2. 孵化操作技术

(1)入孵前种蛋预热：入孵前预热种蛋，能减轻胚胎从静止到开始发育的热冲击压力，并防止种蛋表面凝结水珠，有利于胚胎进入孵化后发育。另外，预热也可减小孵化器里温度的下降幅度。简易预热法是：入孵前 12 h 左右，将装好盘的种蛋移至孵化室中，进行预温。种蛋装盘时，大头向上，不能倒放。

(2)上蛋(码盘)：将入孵种蛋置于孵化盘内。同一孵化机内，采用分批入孵时，应使"新蛋"和"老蛋"孵化盘交错插放，这样便于相互调节温度，使孵化机里温度较均衡，也能使孵化架重量平衡。如果是整批入孵，则在上蛋后，一般在孵化器内再进行一次入孵前的种蛋熏蒸消毒。而分批入孵的蛋在入孵前需要浸泡或喷洒消毒 1 次。上蛋后在蛋盘上应注明上蛋时间、品种、数量、入孵时间、批次和入孵机号等。

(3)温度调节：一般情况下，对入孵的头一批蛋，应在标准温度基础上，将孵化机温度上调 0.1～0.3 ℃。上调幅度以上蛋量、孵化器机型及孵化室内温度为依据确定。通常情况下，入孵蛋量较大，孵化机给温能力较差，上调温度幅度应稍大一些，在孵化机门表第 1 次达到设定温度后维持 10 h 左右，再将温度恢复至适宜温度；或者看胎施温，灵活掌握。当孵化温度校正准确后，就不要轻易调节，只有在正常运转的情况下，机温偏低或偏高 0.2 ℃时，才予以调整。每隔半小时通过窗里面的温度计观察 1 次温度，每隔 2 h 记录 1 次温度。

(4)湿度调节：在孵化机电路无异常，感湿探头已按要求清洁、保养且反应灵敏时，孵化器面板所示相对湿度可以认为是孵化器实际相对湿度。对孵化器观察窗内所挂干湿球温度计，要注意包裹感温球棉纱的清洁，并加蒸馏水，以保证反映湿度的准确性。没有自动加湿装置的孵化器，主要靠增减水盘面积和调节孵化室内的湿度来调节孵化器的湿度。沿海及潮湿地区，一般应防止湿度过大，北方大部分地区应防止湿度过低。

(5)翻蛋：一般而言自动翻蛋的孵化机设定为每 2 h 翻蛋 1 次，手动孵化机每 1～2 h 翻动 1 次。手动翻蛋要求稳、轻、慢、角度到位。

(6)通风换气：孵化室空气要新鲜，应经常打开门窗通风换气，以保证室内空气新鲜。随着胚龄的增加，要逐渐开大孵化器的通风孔。夏天气温高，湿度大，机内热量不易散发，更应注意增加通风换气量。

(7)照蛋：照蛋时应尽量提高室温，缩短照蛋时间。照蛋后及时将无精蛋、死精蛋及破蛋等填入孵化统计表。如有特殊情况，应在孵化统计表备注一栏填写清楚，以备孵化总结时用。

(8)移盘：在孵化第 15 天后，将胚蛋移到出雏盘中称为移盘或落盘。移盘的时间可根据胚胎的发育进程灵活掌握。移盘时的室温最好保持在 25 ℃以上，在室温不理想情况下，应尽量缩短移盘时间。另外，在出雏期间提供一个光线较暗、安静的环境，使乳鸽能不受干扰地破壳，可提高出雏率。

(9)捡雏与助产出雏：出雏期间应用纸遮住观察窗，保证乳鸽能不受干扰地破壳，以提高出雏率。出雏末期，对已啄壳但无力自行破壳的可进行人工助产。助产应视蛋壳膜颜色而定，对蛋壳膜已枯黄干缩的胚胎可轻轻剥离粘连处，把头、颈、翅膀拉出壳外，令其自己挣扎出来。蛋壳膜湿润发白的，不能进行人工助产，否则易使尿囊绒毛血管破裂流血而导致死亡。

(10)清理与消毒：出雏完毕，应对出雏机和出雏室进行彻底清扫和消毒，捡出死胎蛋和残死雏，分别汇总入孵化统计表。然后对出雏室和出雏机进行彻底清扫、冲洗、消毒，以备再用。

(11)孵化记录：每次孵化都应将入孵日期、蛋数、历次照蛋情况、孵化器内温度变化情况记录下来，作为统计孵化成绩和总结孵化工作的依据。

(四)孵化效果的检查与分析

1. 孵化效果的检查

孵化效果的好坏，需用孵化成绩来断定。孵化成绩常用入孵蛋孵化率、受精蛋孵化率、健雏率等硬指标来衡量。孵化过程中结合照蛋、出雏等经常检查胚胎发育情况，随时发现孵化不良现象并查明原因，及时改进种鸽的饲养管理和孵化条件，可经常保持良好的孵化成绩。常用的检查方法如下。

(1)照蛋：照蛋的主要目的是观察胚胎发育情况，并以此作为调整孵化条件的依据。照蛋时，发育异常的胚蛋与正常胚有明显区别。

(2)测定蛋在孵化期间的失重：孵化期内，由于蛋的水分蒸发，蛋重逐渐减轻，气室也逐渐增大。测定蛋重的方法是入孵前选出一盘蛋，作为测失重用，并称量蛋重。在每次测失重前先检出无精蛋和死胚蛋，然后称重，并计算出减重的百分率，与标准减重率比较。如果在孵化期内蛋的减重超过正常减重标准过多，气室很大，则可能是由于湿度过小、温度过高或通风过快；如果减重低于标准过多，气室过小，则可能是由于湿度过大、温度偏低或通风太差。

(3)啄壳和出雏的观察：乳鸽啄壳和出雏情况和时间也能反映蛋的品质和孵化制度是否正常。例如，种鸽营养不全，种蛋缺乏维生素和孵化温度低时，则出雏推迟。因此，要注意观察啄壳和出雏持续时间，并与正常的啄壳、出雏时间进行比较。

(4)初生雏的观察：主要观察绒毛、脐部愈合状况、精神状态和体形等。

(5)死雏、死胎检查：外表观察及病理解剖时，死雏或死胎一般表现出病理变化。例如，维生素 B_2 缺乏时，出现脑膜水肿；维生素 D_3 缺乏时，出现皮肤水肿；孵化温度短期过热或孵化后半期长时间过热时，则出现充血、溢血等现象。因此，应定期抽查死雏和死胎。检查时，先观察其外表，尤其是蛋黄吸收情况和脐部愈合状况。死胎要观察啄壳情况，是啄壳前还是啄壳后死亡，啄壳部位及其洞口有无黏液等；然后打开胚蛋，判断死亡的胚龄，观察皮肤、绒毛、内脏及体腔、卵黄囊、尿囊等有何病理变化，有无充血、出血、水肿、畸形，雏体大小、绒毛生长情况是否异常等；初步判断死亡时间及其原因。对于啄壳前后死亡或不能出雏的活胎，还应观察胎位是否正常。如有条件，最好定期抽验死雏、死胎，做微生物学检查，以便确定疾病的性质及特点。

2. 孵化效果的分析

肉鸽胚胎死亡的原因很多，有先天性、营养性、中毒性、病理性。人工孵化中常见的问题及原因分析如下。

(1)无精蛋过多：肉鸽营养不良，亲鸽年老不育，由于疾病未交配等。

(2)胚胎早期死亡：种鸽的营养水平及健康状况不良，种蛋储存时间过久或储存条件不良，熏蒸消毒程序不合理，种蛋运输时受到剧烈振荡，孵化温度过高或过低，孵化期间未能及时翻蛋，遗传因素等。

(3)第一次验蛋与移盘时死亡：种鸽营养缺乏，种蛋内侵入病菌，孵化条件不适宜等。

(4)在出雏室内死亡：种蛋移盘过迟，出雏器内湿度过低。

(5)蛋黄吸收不全：孵化器内湿度过高，翻蛋操作不当，机内通风不畅缺乏氧气，种蛋感染沙门氏菌等。

(6)出雏过早：孵化器温度过高，蛋重太小，温度计不准确等。

(7)雏鸽瘦小、羽毛干涩：蛋龄过于分散，通风不良，感染脐带病菌等。

(8)出雏推迟：孵化温度偏低，种蛋储存时间过长等。

注意事项

①蛋存放时间过长，出壳率明显降低，存放 11 d 后，出壳率不到 50%，15 d 后则更低。

②肉鸽胚胎发育的适宜温度为 37.8～38.8 ℃，温度过高或过低都会影响胚胎的发育，甚至造成死亡。如鸽蛋温度达 42 ℃时，3～4 h 可使胚胎死亡；低温致死界限较宽，温度低至 30 ℃时，经过 30 h，鸽胚即会死亡。

③湿度偏高，蛋内水分不易蒸发，影响胚胎发育，湿度若超过 70%而通风不良时，胚胎因气体交换差会引起酸中毒，导致胚胎窒息死亡，这点值得注意。湿度偏低，蛋内水分蒸发快，容易造成绒毛与蛋壳膜粘连。

知识拓展

1. 影响孵化率的因素

孵化率的高低，除受孵化条件直接影响外，还受以下因素的影响。

(1)遗传因素：种鸽的遗传结构与孵化率有关。在相同的饲养条件下，肉鸽的品种和品系不同，孵化率的高低也不相同。近亲繁殖时，孵化率下降；杂交时孵化率提高。

(2)种鸽的年龄：壮年成鸽产的蛋孵化率高。随着年龄的增长，种蛋的孵化率缓慢下降。

(3)雌鸽的产蛋量：产蛋量与孵化率呈正相关。肉鸽群产蛋量高时，种蛋孵化率也高。影响产蛋量的因素也影响孵化率。

(4)种鸽的健康状况：种鸽感染白痢、支原体、大肠杆菌等疾病时，会使孵化率降低。有些疾病如白痢、支原体病等可经种蛋传染给乳鸽，应引起注意。

(5)种鸽的饲养管理水平：种鸽的日粮组成、鸽舍的结构、舍内的卫生状况及管理方式等均影响孵化率。例如，日粮中缺乏维生素 A、维生素 D、维生素 E、维生素 B_2、维生素 B_{12}、维生素 B_7、维生素 B_5 和亚油酸，以及钙、磷、锌、锰等矿物质不足等情况，都会使孵化率降低。鸽舍阴暗潮湿、通风不良、饲喂方式突变、垫料污脏等都会污染种蛋，从而影响孵化率。

(6)气温：夏季气温高，胚胎活力低，种蛋保存条件差，蛋白稀薄，孵化率低。冬季气温低，胚胎的活力也低，如种蛋受凉，孵化率也大为降低。

(7)海拔：海拔越高，气压越低，空气中含氧量也越少，因而孵化时间长，孵化率低。

(8)蛋的形态结构：种蛋的蛋形、蛋重、蛋壳质量等均与孵化率有关。畸形蛋用于孵化则死胚多，孵化率低。蛋壳薄，不仅易碎，而且蛋内水分蒸发过快，影响正常的物质代谢，孵化率低。蛋壳过厚，乳鸽破壳困难，弱雏多，影响健雏率。

(9)孵化时蛋的位置：种蛋在保存期间，蛋的大头向上，这样才能使气室保持正常的位置，减少胎位不正的现象。否则，小头向上，会造成气室松弛甚至移位。胚胎头部有时位于蛋的小头，这种情况下孵化率低。

(10)孵化卫生：孵化器、出雏器及蛋盘等应定期消毒，及时清理污物，否则会影响孵化率和健雏率。

(11)畸形胚胎：扭颈、弯趾、缺翅膀、喙短、交叉喙、独眼等畸形胚胎，均影响孵化率。

2. 提高孵化率的途径

①饲养高产健康种鸽，保证种蛋质量。

②加强种蛋管理，确保入孵前种蛋品质优良。

③创造良好、适宜的孵化条件，掌握好孵化温度、湿度，保证孵化场和孵化器的通风换气，严格消毒。

④详细记录孵化情况，出现问题时及时找出原因，采取适当的措施改进。

⑤孵化器的操作人员要认真负责，按操作规程进行孵化。一般在孵化期间要每隔 1～2 h 翻蛋 1 次，翻蛋角度为 90°。

思考总结

1. 鸽子的正常发育过程有哪些？

2. 鸽子的人工孵化工作应该如何开展？鸽子种蛋如何挑选？

任务3 鸽的雌雄鉴别与年龄鉴别

一、鸽的雌雄鉴别

鸽的雌雄鉴别方法见表4-2、表4-3。

表4-2 童鸽的雌雄鉴别

对照项目	雄鸽	雌鸽
外表特征	体大,头大,头颈粗,鼻瘤大而扁平,喙阔厚而粗短,脚粗大	头较圆小,鼻瘤窄小,喙长而窄,体稍小而脚细短,颈细而软
生长发育情况	生长快,身体强壮,争先抢食	生长慢,身体稍小,多数不争食
捕食时动态	活泼好动,性格凶猛,捕捉时用喙啄人或翅拍打,反应灵敏	性格温和,胆小,反应慢,捕捉时慢缩逃避
鸣叫	捕捉时,发出粗而响的"咕咕"声	发出低沉的"唔唔"声
眼睛	双目凝视炯炯有神,瞬膜迅速闪动	双眼神色温和,瞬膜闪动较缓慢
肛门(3~4月龄)	肛门闭合时向外凸出,张开时呈六角形	肛门闭合时向内凹入,张开时呈花形
羽毛	有光泽,主翼羽尾端较尖	光泽度较差,主翼羽尾端较钝

雌雄鉴别是养鸽的先决条件。在鸽群中如果雌雄比例不当,不但鸽群不得安宁,而且产蛋率低或无精蛋多;如果是小群放养,配不成对的种鸽就会飞到别的鸽群中去寻找配偶而不返回;笼养的则无法配对上笼。因此,养鸽者必须掌握雌雄鉴别的基本方法。由于从雏鸽到成鸽的整个生产过程中,雌、雄从外观上看几乎完全一致,要像鸡那样从外表区别雌雄比较困难。根据实践经验,鉴别鸽的雌雄应注意掌握以下几点,以便综合判断。

(1)同窝比较鉴别:同窝一对乳鸽中,生产快、身体粗大的多数是雄鸽;亲鸽喂食时,争先受喂的是雄鸽;两只眼睛距离较宽的是雄鸽。

表 4-3 成鸽的雌雄鉴别

对照项目	雄鸽	雌鸽
体格	体壮而大，脚粗有力	体较小而细，脚细短
头部	头圆额宽，头颈粗硬，不易扭动，喙较粗短而阔厚	头狭长，头顶稍尖，头颈细而短软，颈部扭动便利，喙较细长而窄
羽毛	颈羽颜色较深，羽毛粗硬且有金属光泽，求偶时颈羽竖立，尾羽呈扇状	颈羽色浅，细软而无光泽
鼻瘤	粗、宽大，近似杏仁状，无白色肉线	小而收紧，3 月龄时鼻瘤中间部分出现白色肉线
肛门	上方呈山形，闭合时外凸，张开呈六角形	上方呈花形，闭合时向内凹入，张开则呈花形
胸骨	长而较宽	短而直
腹部	窄小	宽大
耻骨间距	约 1 指宽	约 2 指宽
主翼尖端	呈圆形	呈尖状
叫声	长而洪亮、连续，发出双音“咕嘟”声	短而弱，发出单音“唔”声
亲吻动作	一般张开上下喙	一般微张或不张开上下喙，而将喙深入雄鸽口内
求偶表现	雄鸽边“咕嘟”叫边追逐雌鸽，颈羽张开呈伞状，尾羽如扇状，颈部气囊鼓气，有舞蹈行为	雌鸽温顺地半蹲着挨近雄鸽相吻，点头求爱，亲吻后雌鸽蹲下接受雄鸽交配
神态	活泼好斗，眼睛有神，追逐异性，捕捉时以喙攻击人，挣扎力强	温顺好静，眼神温和，挣扎力弱
孵蛋时间	多在白天孵蛋，一般从上午 9 时到下午 5 时	多在晚上孵蛋，一般从下午 5 时到第二天上午 9 时

(2)体形鉴别：雄鸽身体比较粗大，颈粗短，头顶隆起近似四方形，脚粗大，外形雄壮豪放；雌鸽身体较小，颈细长，头顶平而窄，脚细小，外形温顺优美。

(3)鼻瘤鉴别：雄鸽鼻瘤大而阔，雌鸽鼻瘤小而窄；120 日龄的雌鸽，鼻瘤中央有白色的肉线，雄鸽则没有(图 4-7)。

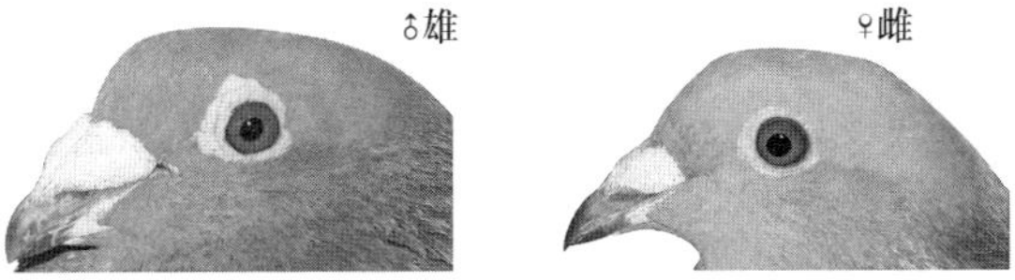

图 4-7　鼻瘤鉴别雌雄

(4)肛门形状鉴别:4～5 日龄的幼鸽,从侧面看雄鸽肛门下缘短,上缘覆盖着下缘,雌鸽则恰好相反;从正后面看,雄鸽的肛门两端向上弯,雌鸽向下弯。5 日龄以后,肛门周围长出绒毛后,便不能依此法鉴别;进入发情期以后,观察肛门内侧上方的形状,雄鸽呈山形,雌鸽呈花边形。

(5)尾脂腺鉴别:尾脂腺俗称鸽尾斗,尖端开叉的多数是雌鸽,不开叉的多数是雄鸽。

(6)骨骼鉴别:雄鸽嘴短,胸骨长而且末端尖,雌鸽嘴长,胸骨短而且末端圆而软;成年雄鸽比雌鸽盆骨窄,雄鸽的两趾骨间距离约有一指宽,而雌鸽距离约一指半到两指宽。

(7)发情表现鉴别:鸽子约 5 月龄达性成熟,开始发情,此时雄鸽喜打斗,常常追逐雌鸽或围绕雌鸽转圈走,颈羽竖起,颈上气囊膨胀,尾羽展开如扇形且常拖地,频频上下点头,连续发出“咕、咕”声,叫声长而强;发情雌鸽比较安静,在雄鸽追逐时,发出“咕嘟噜”回答声,叫声短而尖,并微微点头。

(8)孵蛋时间鉴别:雌鸽孵蛋多在下午 5 时至翌日上午 9 时,雄鸽孵蛋多在上午 9 时至下午 5 时。

(9)捉鸽鉴别:乳鸽长到 10 日龄时,把手伸到它面前,反应灵敏、羽毛竖起、会啄人的多数是雄鸽;将鸽子抓起来,雄鸽抵抗力较强,雌鸽抵抗较弱;抓起鸽子上下摇动或用手轻扫肛门的周围,尾散开的是雄鸽。

(10)胚胎鉴别:受精鸽蛋孵 4 d 后,在灯光下观察,胚胎轴线两侧血丝对称,呈现蜘蛛形状的是雄性胚胎;胚胎轴线两侧血丝不对称,一边丝长而密,一边丝短而稀的为雌性胚胎。

(11)触肛鉴别:3 个月龄以上的种鸽,用手轻轻触动肛门,雌鸽尾羽往上翘,雄鸽尾羽往下压,呈交配状。

(12)羽毛形状鉴别:乳鸽翅膀上最后 4 根初级羽,末端较尖的多数为雄鸽,较圆的多数为雌鸽。

二、鸽的年龄鉴别

通常以喙甲、鼻瘤、脚趾、脚垫等部位的特征来鉴别鸽的年龄。

(1)喙甲:青年鸽喙甲细长,喙末端较尖,两边喙角薄而窄。2周岁以上的鸽,喙角多有茧子。老年鸽喙甲较粗短,喙末端较硬、较滑。年龄越大,喙末端越钝而光滑,两边喙角厚宽而粗糙。5周岁以上的鸽,张口时可见喙角的茧子常为锯齿状。

(2)鼻瘤:青年鸽鼻瘤较大,柔软而有光泽。老年鸽鼻瘤紧凑,粗糙无光。年龄越大,鼻瘤越干燥,好像有一层粉末撒在上面一样。

(3)脚趾:青年鸽脚上的鳞片软而平,鳞纹不明显,呈鲜红色,趾甲软而尖。2周岁以上的鸽,脚上的鳞片硬而粗糙,鳞纹较明显,呈暗红色,趾甲硬而弯。5周岁以上的老鸽,脚上的鳞片突出,硬而粗糙,鳞纹清楚易见、呈紫红色,上有白色鳞片黏附。

(4)脚垫:青年鸽脚垫软而滑。老年鸽脚垫厚而硬,表面很粗糙,常偏于一侧。

注意事项

触肛鉴别的具体操作方法是:双手将鸽子平稳地拢抱于胸前(不要压得太紧),鸽子的头向鉴别者的胸部,使鸽子姿态自若,不过于拘谨、惊慌。用右手食指向鸽子肛门处(在两趾骨上方凹陷处)轻轻压,如果是雄鸽,则尾羽向下压(以水平坐标为准);如果是雌鸽,则尾羽向上竖起或展开。这种触摸法表现出来的反应如同正常雌雄鸽交配时所表现的姿势,由于肛门受到刺激而表现出这种动物性行为是较准确的。注意:捉鸽时不要压得过紧;触肛时要多触几次,以其多数表现为准;长途运输或关在笼里养的鸽触肛反应不明显。

知识拓展

通过观察羽毛生长来识别鸽的日龄和月龄,在幼鸽护养和采购种鸽工作中具有重要意义。

(1)刚出壳:身披一层黄色的绒毛。

(2)5 日龄:翼和尾的大羽管露出皮肤表面。

(3)7 日龄:嗉囊两侧羽区、背腰部两条羽带、胸腹两侧、大腿和胫骨中上部两侧皮肤等羽带的羽鞘露出皮肤外。

(4)11～12 日龄:主翼羽和副翼羽的羽鞘开始长成羽片。

(5)14 日龄:头、背的其他地方长出羽鞘。

(6)28 日龄:除头颈部还有少量绒毛外,身体其余部位的绒毛已脱落完。翼内侧及胸腹全部盖完羽毛。

(7)35 日龄:全身羽都成片状。第 10 根主翼羽根上部还带有血红色。

(8)38 日龄:第 10 根主翼羽根上部血红色褪尽,羽毛全部角质化。

(9)50～60 日龄:开始换羽。第 1 根主翼羽首先脱落,以后每隔 15～20 d 换 1 根。

(10)5～6 月龄:主翼羽已更换 7～8 根,鸽进入成熟期。

思考总结

1. 列表说明鸽人工繁殖与自然繁殖的不同点。

2. 列出鸽的雌雄鉴别方法。

3. 列出鸽的年龄鉴别方法。

项目五

鸽的饲养管理

任务1　鸽的营养需要

一、鸽的营养需要

要想养好鸽，保持鸽健康的身体和良好的繁殖力，首先要熟悉和掌握鸽的营养需要，其次是把好饲料的质量关，科学地调配饲料。鸽的活动量大、体温高、生长快、新陈代谢旺盛，所以比其他畜禽需要较多的营养物质，如水、碳水化合物、蛋白质、脂肪、矿物质、维生素等。鸽所需的主要营养成分有下列几种。

1. 水

水是鸽体内生理过程的基本介质，是各种营养物质在鸽体内消化、吸收、输送以及代谢产物排出体外等一系列生理活动不可缺少的重要溶剂，是各种生化反应的参与者。鸽体内所有的分解和合成过程大多与加水和去水有关。水对鸽体温的调节、对鸽细胞正常形态的保持等均有重要作用。

乳鸽和蛋的含水量约70%，成年鸽含水量约60%，老年鸽约60%。鸽如果饮水不足，就会表现出组织和器官缺水、食欲和消化机能减弱、代谢产物的排泄受阻、体脂肪和体蛋白分解加强、血液浓稠、体温升高、循环系统和分泌系统的功能失常、生长发育迟滞、产蛋量降低、饲料报酬低下等，严重者因失水过多或组织内积累过多有毒代谢产物导致中毒死亡。总的说来，鸽子如果体脂肪和体蛋白消耗一半以上尚能生存，但如果失掉20%的水分就会危及生命。由此可见，鸽子缺水比缺食物更难维持生命。当然，如果水分过多，肾脏排不出去，也会引起水中毒（如呕吐、痉挛、水血、细胞膨胀、机能障碍），甚至死亡。不过在自然饮水的情况下，是不会发生水中毒的。

鸽子体内水分的来源有三种：一是饮水，二是饲料中所含的水分，三是代谢水。鸽子对水的需求量因季节、气候、品种、年龄、饲料种类、生理状况等不同而异。鸽子的饮水量一般每只每天 30～70 mL。饮水量随环境气候条件及机体状态而变化，夏季及哺乳期饮水量相应增加，笼养式肉鸽比平养式肉鸽饮水量多。气温对饮水影响最大，0～22 ℃饮水量变化不大。0 ℃以下饮水量减少，超过 22 ℃饮水量增加，35 ℃是 22 ℃时饮水量的 1.5 倍。饲料所含的水分也是鸽子水的来源之一。但是，鸽子吃的主要是谷豆籽实，含水量高的籽实很容易变质败坏，而如果把水分以谷豆的价格购进，在经济上显然是个很大的损失。所以，养鸽者绝不能依靠饲料中的水分作为鸽子所需水的来源，应该购买含水量在 12%～14%的谷豆籽实。

2. 碳水化合物

鸽子的一切生理活动过程，包括运动、呼吸、循环、神经活动、繁殖、吸收、排泄、体温调节等都离不开能量的供应。能量的主要来源是碳水化合物，其次是脂肪和蛋白质。碳水化合物在鸽子的生命活动中占有十分重要的地位，能量的 70%～80%来自它。碳水化合物除作为能量以外，多余的被转化成脂肪而沉积在体内作为储备能量，或者用于产蛋。

碳水化合物主要包括淀粉、可溶性糖类和纤维素。饲料成分中淀粉作为鸽子的热能来源，其价格最为便宜。因此，在鸽子的日粮中必须要喂给富含淀粉的饲料，如玉米、小麦等。纤维素主要存在于谷豆类籽实的皮壳中。日粮中适量的纤维素可促进鸽的肠蠕动，有利于其他营养物质的消化吸收。但是日粮中的纤维素含量不能过高，因为鸽子对纤维素的消化能力低，如果纤维素含量过高，可利用的能量就下降，不能保证鸽子的生长发育和生产的需要。

鸽体对能量的需要随着鸽的品种、年龄、饲养方式、用途和季节环境的不同而变化，鸽子总是按其需要摄取一定的能量。采用不同能量水平的日粮，就会使鸽子的采食量发生变化。因此，要确定蛋白质及其他营养物质的需要，就要确定能量含量与其他营养物质的合理比例。通常，种鸽、体形较小的鸽、笼养的鸽在炎热季节的日粮供应中能量宜低些，反之则应高些。

3. 蛋白质和氨基酸

蛋白质是构成鸽体各种组织，以及组成酶、激素的主要原料之一，关系到整个新陈代谢的正常进行，而且不能由其他营养物质代替。因此，蛋白质是其他养分不能代替的重要营养物质，对维持生命活动和生产产品均有重要价值。要让乳鸽生产快、羽毛光亮，青年鸽生长发育好、机体健壮，种鸽繁殖能力强，就一定要满足它们所需的蛋白质。

在肉鸽的日粮中，蛋白质水平随年龄和不同的生理时期有所变化。青年鸽和休产鸽以12%～15%为宜，繁殖时期的生产鸽以15%～18%为宜。在日粮配比上，为了达到这个标准，采用豆类20%～30%、能量饲料70%～80%的比例搭配。日粮蛋白质水平不能过低，也不能过高。日粮中蛋白质和氨基酸不足时，乳鸽生长缓慢，食欲减退，羽毛生长不良，成年鸽产蛋量少，蛋重减轻，性成熟晚；严重缺乏时，鸽停止采食，体重下降，卵巢萎缩。如果日粮中长期配合过多的蛋白质，不仅造成浪费，而且会出现代谢性疾病，对肉鸽的生长、发育、繁殖都有不良的影响。

蛋白质由氨基酸组成，肉鸽对蛋白质的需要实质上是对氨基酸的需要。鸽体内的蛋白质由23种氨基酸组成，这些氨基酸可分为必需氨基酸和非必需氨基酸。必需氨基酸是维持肉鸽机体正常生理机能、产肉、产蛋所必需的氨基酸。必需氨基酸在鸽体内不能合成，或合成的数量和速度不能满足正常的生长、生产的需要，只能由饲料提供。非必需氨基酸则是在鸽体内合成量多，或需要量小，不经饲料供应也能满足正常需要的氨基酸。成年鸽需要8种必需氨基酸：赖氨酸、蛋氨酸、色氨酸、苏氨酸、亮氨酸、异亮氨酸、苯丙氨酸和缬氨酸。而生长阶段的乳鸽则除了上述8种必需氨基酸外，还需要组氨酸和精氨酸。对于生长快的幼鸽，这10种必需氨基酸都必须满足。任何一种必需氨基酸的缺乏都会影响鸽体蛋白质的合成，造成肉鸽生长发育不良。但过多的蛋白质和氨基酸不能被利用，被降解成尿素后排出体外。

实际饲养肉鸽时，单靠一种蛋白质饲料很难全面合理地提供所有的必需氨基酸，而几种不同的饲料按适当的比例配合在一起，各种饲料中的氨基酸便可以互相取长补短，从而达到氨基酸含量的平衡。要使鸽体每天能摄入足够数量的蛋白质和氨基酸，必须选择多种饲料原料，按科学的配方进行搭配。普通养鸽者一般采用2～4种谷实类籽实（占日粮比例的70%～80%）和1～2种豆类籽实（占日粮比例的20%～30%）进行配合，取得了较为理想的效果。豆类籽实，如豌豆、大豆、蚕豆、绿豆等，与玉米、小麦、高粱等谷类籽实相比，蛋白质含量往往要高出2～3倍，是鸽子很好的蛋白质来源，但因为其价格为谷类籽实的2～3倍，故应把它们在日粮中的用量控制在最低限度。必要时，补充一部分动物蛋白质饲料或添加人工合成的蛋氨酸和赖氨酸等以保证氨基酸的平衡，提高蛋白质利用效率。

4. 脂肪

脂肪在营养中的作用主要有以下几个方面：一是构成肉鸽机体组织的重要组成成分之一，参与细胞构成和修复。二是肉鸽能量的重要来源，当摄入的能源物质超过需要量时，机体将剩余的营养物质转化为体脂肪储存。三是可以提供必需脂肪酸，如亚油酸、亚麻酸和花生四烯酸。四是脂肪作为有机溶剂，直接影响脂溶性维生素的吸收。饲料中适量的脂肪进入小肠后可促进维生素A、维生素D和维生素K等脂溶性维生素的吸收。如果脂肪供应不足，则易发生脂溶性维生素缺乏症。

5. 矿物质

鸽体内的矿物质元素主要有钙、磷、钾、铁、铜、硫、锰、锌、碘、镁、硒等。在实际饲养中易缺乏的是钙、磷、钠、氯4种。骨粉是钙、磷的较好来源。食盐是钠的最好来源。矿物质与碳水化合物、脂肪、蛋白质的代谢有密切关系，是生命活动过程中不可缺少的营养物质。日粮中矿物质含量不足或缺乏时，即使其他营养物质都很充足，畜禽的生长、发育、繁殖、健康、抗病力等也会大大下降，严重时甚至死亡。鸽子与其他畜禽相比，矿物质需要量要多很多。所以，尽管谷豆籽实中含钙、磷、钠、镁、铁、硫、氯、硅等许多种矿物质元素，仍有必要给鸽子专门提供矿物质合剂（俗称保健砂）。否则日子稍久，鸽子就会反应迟钝，健康状态和繁殖力下降，尤其是舍饲的肉鸽。在实际饲养中，如果蛋白质、碳水化合物、维生素等营养物质在数量上和质量上都是符合要求的，而鸽子却出现精神不振、食欲减退、骨骼松脆、骨骼变形、脚软无力、繁殖力下降、生长迟缓、发育不良、贫血、异嗜以及蛋壳不正常等某一种或某几种症状，就要怀疑是否是由于矿物质营养不足或不全所造成，在确定病因之前，应首先供给保健砂，再仔细寻找真正原因。

（1）钙：构成骨骼和蛋壳的主要成分。钙的主要功能是促进骨骼、羽毛生长和提高生产率，调节神经、肌肉的正常活动，维持体内的酸碱平衡。缺钙会引起血钙降低，雏鸽发育不良，出现佝偻病、病雏瘫痪、胸骨变形；种鸽蛋壳变薄，产软壳蛋或无壳蛋，产蛋量下降，易骨折，甚至出现瘫痪。钙过量时，饲料转化率降低，产生“痛风症”，影响生长和产“钢”蛋。适宜的钙、磷比例和充分满足维生素D需要，可增进钙的吸收；一般生长鸽日粮钙、磷比例为2.2∶1；生产鸽为(5.0～6.5)∶1。如果盲目补钙或磷，都会导致营养代谢病。

(2)磷：构成鸽体骨骼的主要成分。磷能调节肌内活动，在新陈代谢过程中参与多种酶的活动，在碳水化合物和脂肪代谢以及维持机体的酸碱平衡方面也起重要作用。磷缺乏时，鸽子会食欲不振、生长缓慢，影响钙的吸收，并出现软骨、弯腿、关节僵硬、蛋壳质量下降、笼养鸽疲劳症等症状。鸽子对无机磷的利用率很高，日粮中应补充磷酸氢钙、干骨粉等作为磷源。

(3)钠和氯：参与调节机体内渗透压平衡，维持肌肉和神经兴奋性及调节体液容量；组成消化液，增加饲料适口性，增进消化和氮的利用。钠和氯缺乏时，鸽子表现为生长缓慢，消化不良，食欲减退，体重减轻，产蛋率下降，容易出现啄癖。食盐过多，轻者饮水量增加，便稀；重者可造成中毒死亡。

(4)镁：约有70%的镁存在于骨骼中，镁有促进骨骼生长的作用。镁在鸽子体内参与酶的活动和碳水化合物、蛋白质的代谢。日粮中镁缺乏时，鸽子神经过敏，易惊厥，出现神经性震颤，呼吸困难。生产鸽则表现为产蛋率下降。

(5)钾：在细胞内形成缓冲系统，维持酸碱平衡、调节神经和肌肉的正常活动。钾缺乏时，肌肉的弹性和收缩能力降低，表现为肌肉、四肢无力，肠道膨胀。在热应激条件严重时，易发生低钾血症。

(6)硫：主要以有机形式存在于含硫氨基酸(蛋氨酸、胱氨酸和半胱氨酸)、含硫维生素(维生素B_2和生物素)及激素(胰岛素)中。羽毛中含有大量的硫，其功能也通过上述各种物质表现出来。缺硫时表现为食欲降低、体弱脱毛、多泪、啄毛、产蛋减少、蛋重下降。机体内的硫来源于饲料蛋白，蛋白质缺乏时，常出现缺硫现象。用无机硫作为添加剂，用量超过0.3%时，可产生毒性反应，如厌食、腹泻、抑郁，甚至出现死亡。

6. 维生素

维生素的功用主要是控制和调节机体的新陈代谢。鸽子对维生素的需要量极少，但如缺乏，鸽子就会生长发育不良，生产性能下降，抗病力减弱，严重者甚至死亡。维生素的种类很多。目前认为，鸽子营养中必需的维生素有10多种，其中脂溶性的有维生素A、维生素D_3、维生素E、维生素K四种，水溶性的有泛酸、烟酸、吡哆酸、胆碱、叶酸、生物素以及维生素B_1、维生素B_2、维生素B_{12}。

有很多种维生素不能在鸽体内合成，有几种虽然能合成但不能满足需要，所以这些维生素必须通过饲料或添加剂给予补充。尽管鸽子常用的天然饲料中或多或少地含有好几种维生素，但大多种类不全和数量不足而不能满足鸽子迅速生长发育的需要，故除了注意选用富含维生素的天然饲料外，对肉鸽还尤需另外补充维生素A、维生素B_1、维生素B_{12}、维生素D、维生素E等。因为肉鸽生长迅速，多采用舍饲或笼养，阳光和青绿饲料（维生素A、维生素E等的重要来源）不易充分满足，故必须补充各种维生素制剂。比较简单的方法是添加在保健砂中，但有些则应和保健砂分开。

二、鸽的营养需要特点

在配制肉鸽日粮时应当考虑肉鸽营养需要的特点，以求配制合理，现将其特点总结如下。

①肉鸽喜欢吃植物性饲料，不喜欢吃动物性饲料，但对动物性蛋白的需求量还是和其他禽类相差无几。因而配合日粮时应注意动物性蛋白质的补充。

②肉鸽的日粮配合料一般不进行加工，可直接喂给谷类和豆类饲料的粒料。根据不同生长阶段的营养需要，蛋白质饲料和能量饲料按表5-1的比例进行配合。

表5-1 肉鸽日粮搭配比例

生理阶段	饲料种类	在配方中的比例
青年鸽	蛋白质饲料2种以上	25%～30%
	能量饲料3～4种	70%～75%
带仔生产鸽	蛋白质饲料2种以上	30%～35%
	能量饲料3～4种	65%～70%
非带仔生产鸽	蛋白质饲料2种以上	20%～25%
	能量饲料3～4种	75%～80%

③肉鸽日粮中脂肪过高，会影响消化，引起下痢，而且会降低肉的品质，故而在饲养实践中，不饲喂含脂肪高的饲料，一般日粮中含脂肪 3%～5%就足够了，不可超过 5%。

④由于肉鸽以舍饲和笼养为主，自由采食青绿饲料很少，加之生长发育快，对维生素需要量大，因此平时需对其补充维生素制剂，在保健砂中添加即可。

⑤肉鸽对矿物质的需要量大，一般要给肉鸽加喂矿物质合剂（保健砂），否则影响生长，使繁殖力下降。

三、鸽的饲养标准

（1）饲养标准：饲养标准是以肉鸽营养需要（肉鸽在生长发育、繁殖、生产等生理活动中每天对能量、蛋白质、维生素和矿物质的需要量）为基础，经过试验和反复验证后对某一类鸽在特定环境和生理状态下的营养需要的一个在生产中应用的估计值。饲养标准是配合日粮的依据，有了饲养标准，可以避免实际饲养中的盲目性，不至于因饲料的营养指标偏离鸽的营养需要或比例不当而降低肉鸽的生产水平。肉鸽饲养标准摘要见表 5-2。

表 5-2　肉鸽饲养标准摘要

项目	代谢能/(MJ/kg)	粗蛋白质/%	粗纤维/%	钙/%	磷/%
童鸽	11.5	13～14	3.5	1.00	0.65
非育雏种鸽	12.5	12～13	3.2	1.02	0.65
育雏期种鸽	13.0	15～18	2.8～3.2	1.02	0.65

（2）饲养标准的内容：肉鸽的饲养标准主要包括能量、蛋白质、必需氨基酸、矿物质及维生素等指标。饲养标准中每项营养指标都有特殊的作用，缺少、不足或超量均可能对肉鸽产生不良影响。能量的需要量用代谢能表示，蛋白质的需要量以粗蛋白质表示，同时标出必需氨基酸的需要量，以便配合日粮，使氨基酸平衡。配合日粮时，能量、蛋白质和矿物质的需要量一般按饲养标准中的规定给出。维生素的需要量是按最低需要量制订，也就是防止肉鸽发生临床缺乏症所需维生素的最低量。肉鸽在发挥最佳生产性能和遗传潜力时的维生素需要量要高于最低需要量，一般称为适宜需要量或最适需要量。各种维生素的适宜需要量不尽一致，应根据肉鸽的种类、生产水平、饲养方式、环境条件及生产

实践给出相应数值。实际应用时，考虑到肉鸽个体与饲料原料差异及加工储存过程中的损失，维生素的添加量往往在适宜需要量的基础上，再加上一个保险系数(安全系数)，以确保肉鸽获得定额的维生素并在体内有足够储存，此添加量一般称为“供给量”。

(3)我国参照的饲养标准：饲养标准是现代科学养鸽的主要措施之一，但肉鸽的营养需要受到肉鸽的品种、生产性能、饲料条件、环境条件等多种因素影响，选择标准应因鸽制宜、因地制宜。我国至今未制定出自己的肉鸽饲养标准，多沿袭美国白羽王鸽的模式。

注意事项

①配制乳鸽日粮宜选用富含碳水化合物、纤维素含量较低的植物籽实作为能量饲料。

②配制鸽饲料时一定要注意能量饲料和蛋白饲料的比例，否则不仅浪费了饲料中的营养，反而可能对鸽健康生长发育有害。

③在钙和磷的供给时除注意满足钙和磷的需要外，还要注意钙、磷的正常比例，适当的钙、磷比例有助于钙、磷的正常利用，保持血液和其他体液为中性。一般情况下，钙、磷比例：童鸽和青年鸽为(1.2～1.5)：1，产鸽为(2～3)：1，为保证机体对钙、磷的吸收利用，应注意供给充足的维生素 D。

④食盐补充量通常是饲料的 0.3%～0.4%，或在保健砂中加 4%～5%。但补充食盐也不宜过多，食盐过量会导致亲鸽产蛋量下降，乳鸽生长受阻，青年鸽腹泻，严重者中毒死亡。

⑤鸽对微量元素的需要量极微，无论是颗粒饲料中还是保健砂中，添加的微量元素一定要混合均匀，如混合不均匀，可能导致部分鸽食入过多而中毒，部分鸽也可能食入不足，从而影响其健康和生产性能。

⑥目前市售肉鸽使用的添加剂种类很多，使用时应认真阅读说明，切不可乱用。同时，购买时要注意选用正规生产厂家生产的取得产品批准文号的品种。

知识拓展

鸽的消化系统(图 5-1)由消化管和消化腺两部分组成，主要功能是采食、消

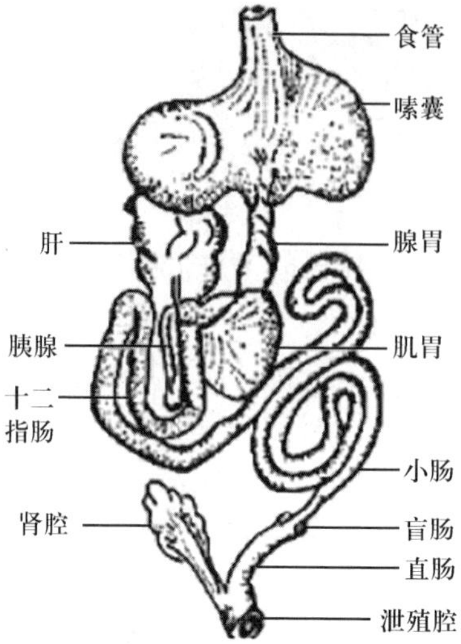

图 5-1　肉鸽的消化系统

化食物、吸收营养物质和排出废物。鸽的消化能力很强，消化过程十分迅速，以适应飞翔生活中维持代谢水平高和能量消耗大的需要。

1. 消化管

消化管包括口腔、咽、食管与嗉囊、胃、小肠、大肠和泄殖腔。

(1)口腔：肉鸽口腔没有牙齿、嘴唇与软腭。上、下颌特化为角质喙，口腔内具有唾液腺。肉鸽的舌长且呈三角形，舌尖呈软角质化，舌黏膜上缺味觉乳头，仅分布数量少、结构简单的味蕾，故味觉不敏感。

(2)咽：咽位于口腔之后，与口无明显界线。顶壁有鼻后孔裂、耳咽鼓管孔 2 个开口，分别与鼻腔、中耳相通。底壁有喉口、食管口分别与气管、食管相通。

(3)食管与嗉囊：食管是连于咽与胃之间的管道，较长且有很大的扩张能力。食管在颈的基部膨大成囊状的嗉囊。嗉囊壁内含黏液腺，能分泌黏液，但不含消化酶，除临时储存食物外，还对饲料进行润湿和软化。嗉囊内的温度、湿度和 pH(6.0～7.0)很适宜植物性饲料内的酶发挥分解作用，有利于微生物的栖居和活动，所以嗉囊内可进行饲料中的糖类发酵分解，部分营养物质经囊壁吸收。在育雏期，嗉囊受脑垂体激素的作用，能分泌出含多种营养成分的乳状物(即鸽乳)以喂养雏鸽。

(4)胃：胃由腺胃和肌胃组成。腺胃又称前胃，呈纺锤形，位于食管胸段与肌胃之间，略偏于体中线左腹侧，壁薄，含有丰富的腺体，能分泌大量消化液(胃液)。胃液内含有分解蛋白质的胃蛋白酶和盐酸。肌胃又称砂囊、肫，呈圆形或椭圆形，质坚实而呈红色，位于腹腔左侧，在肝的两叶之间。肌胃内壁由黄绿色软角质膜组成，对蛋白酶、稀酸、稀碱有抗性，有保护胃壁的作用。

(5)小肠：小肠前接肌胃，后连大肠，平均长度约为 95 cm，盘曲于腹腔之中，是食物消化吸收的主要场所。小肠由十二指肠、空肠和回肠组成。小肠壁内有发育程度不同的肠腺，能分泌小肠液。胃内食糜进入小肠后，在胰液、胆汁和小肠液的作用下，被分解为可吸收的葡萄糖、氨基酸、脂肪酸等，通过小肠壁被吸收入血液中，供机体利用。

(6)大肠：大肠包括1对盲肠和1条直肠。肉鸽的盲肠不发达，仅为1个中空的小突起，有吸收水分的作用。直肠短(3～5 cm)，从盲肠起始处起至泄殖腔，不能储存粪便，有粪便就排出体外，体重随即减轻，这也是适应飞翔的结果。

(7)泄殖腔：肉鸽直肠末端的膨大部为泄殖腔。它是消化、泌尿和生殖三系统后端的共同通道，略呈球形，向后以泄殖孔(即肛门)开口于外界。它以发育程度不同的黏膜褶分为三部分。前部为粪道，是直肠的延续；中部为泄殖道，最短，输尿管和输精管或输卵管开口于此；后部为肛道，背侧有腔上囊(又称法氏囊)的开口。腔上囊有生成淋巴细胞和消灭细菌的功能。法氏囊随着肉鸽年龄的增大而慢慢萎缩，到成年鸽只留有痕迹。泄殖腔的出口是肛门，肛门的上下缘形成背、腹、侧肛唇。15日龄以前的乳鸽可清楚地看出肛唇的形态，根据雌雄乳鸽的肛唇形态，可早期区分性别。

2. 消化腺

消化腺包括位于消化管内的壁内腺(如胃腺、肠腺)和位于消化管外的壁外腺(如肝脏、胰脏)。

(1)肝脏：肉鸽肝脏是全身最大腺体，占体重的5%左右，呈红褐色，分左右两叶，左叶小，右叶大。肝脏是鸽体内的重要器官，具有复杂的生理功能：转化并储存营养物质，在机体需要时供给机体细胞使用；有解毒功能；能合成血浆中的蛋白质，合成和储存维生素及排泄废物(胆色素和尿素)；连续不断地分泌胆汁，经肝管通入十二指肠，激活胰脂酶，使脂肪乳化，促进脂肪的消化吸收和脂溶性维生素的吸收，刺激小肠运动。鸽无胆囊，肝脏分泌的胆汁直接进入十二指肠，发挥消化脂肪的作用。

(2)胰脏：肉鸽胰脏着生于十二指肠“U”形弯内，呈浅黄或浅红色，是一个比较狭长的腺体，分背叶、腹叶和脾叶三部分，包括外分泌部和内分泌部。外分泌部属消化腺，腺细胞分泌的胰液含有胰蛋白酶、胰脂酶、胰淀粉酶等。胰液通过输出管流入十二指肠，与肠液共同消化淀粉、脂肪、蛋白等食物。内分泌部所分泌的胰岛素和胰高血糖素，具有调节体内糖合成、分解与血糖升降的功能。

思考总结

1. 肉鸽的营养需要都有哪些方面？

2. 肉鸽的矿物质和维生素营养需要有哪些注意事项？

3. 肉鸽的营养需要有什么特点？

任务 2　鸽的常用原料和饲料配制

一、常用原料

肉鸽与其他禽类一样，都是要从外界吸取蛋白质、能量物质、微量元素、维生素等营养物质来维持自身生命、生长发育、繁育后代等需要，而肉鸽的生理特征决定了其在营养需要及饲料要求上与其他禽类有一定的差异。鸽食物构成介绍如下。

1. 能量饲料

(1)玉米(图 5-2)：鸽子的主要饲料之一，主要供给鸽子的热量。因含热量高，纤维素少，适应性强，易消化吸收，且价格便宜，被誉为“饲料之王”。其中黄玉米富含胡萝卜素，是维生素 A 的良好来源。在鸽的日粮中用量可达 30%～60%。夏天可用的比例小些，冬季比例大些。

图 5-2　玉米

(2)小麦(图 5-3):含有 2%~7%的可溶性糖,11%的蛋白质,53%~70%的淀粉,2%的粗纤维等。含热量也比较高,含蛋白质多,氨基酸组成比其他谷物完善,B 族维生素也较丰富,故营养价值相对较高,是鸽的重要饲料。在日粮中用量为 10%~30%。

图 5-3　小麦

(3)大麦(图 5-4):蛋白质含量约为 12%,营养价值近似于玉米,但烟酸含量比较多,富含 B 族维生素,而维生素 A 含量较少。比小麦含热量低,壳硬,不易消化,少量使用有利于营养物质平衡,在日粮中可使用 10%左右。

麦类饲料容易消化,但对育雏的种鸽和幼鸽不合适,因为吃多了容易腹泻,臭气四溢,污染鸽舍空气。

(4)稻谷(图 5-5):含热量低于玉米和小麦,蛋白质含量与小麦相似。在南方,日粮中可达 10%~20%。但稻谷表层毛糙,适口性差,又较难消化,在种鸽育雏期不宜多吃,否则可能擦破食道。雏鸽吃了更不易消化。白米因在碾米时被剥去了种皮,损失了大量 B 族维生素,一般不宜作为饲料。

图 5-4　大麦

图 5-5　稻谷

图 5-6 饲料用的高粱

(5)高粱(图 5-6):含蛋白质稍高,热量含量较少,但高粱粒小,适宜喂鸽子,尤其是乳鸽。冬季用量为 15%,夏季可达 35%~40%。若有养鸽者想以高粱作为饲料,则必须在雏鸽时期开始喂,以养成习惯。质地好的高粱籽粒大而圆,红褐色。粒小且品质较差的尽可能不用。如果把高粱与小麦合并一起饲喂,效果会更好。高粱颗粒小,容易消化,是嗉囊炎患鸽恢复期的主食。高粱脂肪含量低,作为鸽子换羽初期的主食,有助于迅速换羽。

2. 蛋白质饲料

所谓蛋白质饲料,是指在干物质中粗纤维含量低于 18%、蛋白质含量高于 20%的饲料。蛋白质是构成鸽体的主要成分之一,鸽的植物性蛋白质饲料主要是豆科籽实,如豌豆、绿豆、蚕豆、大豆、红豆、黄豆、黑豆、竹豆、木豆等。其营养特点是蛋白质含量比谷实类高,一般在 20%~40%,蛋白质品质好,特别是在其他植物蛋白质中缺乏的赖氨酸、蛋氨酸含量丰富,与谷物籽实配合使用,其氨基酸可起到互补作用,以提高饲料中蛋白质的利用率。

鸽子的肌肉、内脏、皮肤、血液、羽毛等均以蛋白质为主体。蛋白质饲料分植物性、动物性两类。植物性蛋白质饲料主要是豆类,豆类因含有一些不良物质,最好经过热处理(110 ℃加热 3 min)后使用。动物性蛋白质饲料有肉骨粉、血粉、鱼粉、羽毛粉;还有一种啤酒酵母粉,蛋白质含量高达 50%左右,是较好的添加物质。鸽子喜爱植物性蛋白质饲料,作为主食每天必吃,而动物性蛋白质饲料仅作为饲料添加剂,制成配合饲料才肯吃。

(1)豌豆(图 5-7):豌豆的种类很多,如白豌豆、绿豌豆和褐色豌豆,还有一种颗粒略小的野豌豆。各种豌豆的营养成分大同小异。一般以褐色豌豆为主,各种豌豆均应有一些,达到营养全面的目的。豌豆的营养成分为蛋白质 20%,碳水化合物 55%,脂肪 2%。豌豆对增进食欲很有效。但豌豆价格为玉米的 2 倍,一般掺入 20%即可。豌豆以小颗粒为好。野豌豆的籽粒比豌豆小一半,其营养价值不低于豌豆,适宜喂养刚出棚的幼鸽。

(2)黄豆(图 5-8):营养价值高于豌豆,其蛋白质含量 34.3%,碳水化合物 26.7%,脂肪 17.5%。这是营养相当均衡的好饲料。但鸽子不爱吃,原因是黄豆所含抗胰蛋白酶较其他豆类高,需经加热处理才能改善其适口性。我国东北盛产黄豆,如能培养鸽子进食黄豆无疑是好事。

图 5-7　豌豆

图 5-8　黄豆

(3)蚕豆(图 5-9):蚕豆的蛋白质含量为 26%,仅次于黄豆,而高于其他豆类;脂肪 1.2%,碳水化合物的含量达 50.9%。蚕豆颗粒大,鸽子不易吞食。其实只要把蚕豆砸碎,鸽子是喜欢吃的。雏鸽从 10 日龄起,每天用浸泡过的蚕豆早晚喂 2 次,每次喂 10 粒,既促进雏鸽发育,又可以使亲鸽不会因育雏而消瘦。

图 5-9　蚕豆

(4)绿豆和赤豆(图 5-10 和图 5-11):这两种豆类鸽子虽很喜欢吃,但价格较贵,而营养价值又与其他豆类相仿,故经济上并不合算。但在严冬喂给少量赤豆(也称红小豆),在炎热的夏天喂给少量的绿豆,对鸽子的保健是很有益的。

图 5-10　绿豆

图 5-11　赤豆

(5)大豆粕(图 5-12):大豆粕分去皮豆粕(粗蛋白质 47%～49%)和常规豆粕(粗蛋白质 43%),是肉鸽全价颗粒饲料的主要蛋白质来源。豆粕可占肉鸽全价颗粒饲料的 15%～30%。

(6)棉籽粕(图 5-13):棉籽粕一般含粗蛋白质 40%左右,脱壳棉仁粕粗蛋白质含量达 41%～44%,代谢能为 10.03 MJ/kg,蛋白质中赖氨酸和蛋氨酸含量较低,精氨酸含量较高;粗脂肪含量较高,是维生素 E 和亚油酸的良好来源,但不利于保存;粗纤维比大豆饼(粕)高,因而有效能值低于大豆饼(粕)。

图 5-12　大豆粕

图 5-13　棉籽粕

3. 糠麸类饲料

糠麸类饲料是谷类籽实加工制米或制粉后的副产品,主要有小麦麸(图 5-14)和大米糠(图 5-15)。该类饲料营养特点是无氮浸出物较低,粗蛋白质含量与品质介于豆科籽实与禾本科籽实之间,粗纤维与粗脂肪含量较高,因此消化能比谷类籽实低;矿物质含量丰富,但利用率低,尤其是钙少磷多,严重不平衡;B 族维生素含量丰富,但胡萝卜素和维生素 D、维生素 K 缺乏。糠麸类饲料的植酸磷含量较高,对环境的污染较严重,使用时应注意添加植酸酶,以减少磷对环境的污染。

图 5-14　小麦麸

图 5-15　大米糠

4. 脂肪类饲料

脂肪类饲料是指含有大量脂肪的饲料。这类饲料不宜作为主食，喂得过多会引起腹泻，还会使鸽子肥胖。当观察到鸽子的腹肌高于龙骨并呈黄色时，说明鸽体脂肪已经过多，必须加大运动量或停喂脂肪类饲料。在主食中搭配少量脂肪类饲料能起健胃通便作用，冬天还可以防寒保暖。在换羽后期，这类饲料也不可缺少，它能增强羽毛的光泽。对一些瘦弱的肉鸽可以起到增肥的作用，以及促进性欲。常用的脂肪饲料有芝麻、菜籽、花生仁、葵花子、麻仁、红花籽等(图 5-16 至图 5-21)。

图 5-16　芝麻

图 5-17　菜籽

图 5-18　花生仁

图 5-19　葵花子

图 5-20　麻仁

图 5-21　红花籽

(1)芝麻:芝麻的脂肪含量很高。在一般情况下,还是少给为好,特别是在夏季不宜多喂,可减少到2%~5%。在鸽子开始换羽毛时,最好暂停喂给,至旧羽完全脱落后再补喂,以促进新羽毛的生长。

(2)菜籽:这里指油菜籽,脂肪含量达43.7%。菜籽同芝麻一样喂量不宜过多,一般在混合饲料中掺入10%~15%。鸽子食用菜籽与黑芝麻有同样功效,会增加羽毛的光泽,但菜籽价格只有黑芝麻的1/4。

(3)花生仁:花生仁脂肪含量高达46.6%。饲喂时的配比与芝麻、菜籽大致相同,因花生仁颗粒大,鸽子总是啄啄放放,但只要形成习惯,也会争着吃。

(4)葵花子:含脂肪21%,碳水化合物高达52.3%。葵花子有一层厚实的硬壳包着,含纤维也高。鸽子食用葵花子,既有同食用芝麻、菜籽相似的作用,又可避免腹泻,还有利于粪便成形。缺点是消化较困难,适口性差,颗粒太大,又不能捣碎喂,所以要选择小粒的葵花子。

(5)麻仁:又称为火麻仁,所含脂肪在同类饲料中堪称第一,高达50%。饲喂比例应低于上述各种脂肪饲料。麻仁还有促进鸽子发情的作用。许多经验证明,如有肉鸽性欲不高但屡屡配不上种,服用麻仁后效果很好,但不宜过多。

(6)红花籽:混合饲料中不可或缺的一种,白色,表皮光洁。鸽子很爱吃,但不可多吃,饲料中占20%左右即可。

二、全价配合饲料

图5-22　全价配合饲料(颗粒料)

鸽子全价配合颗粒饲料简称鸽颗粒料(图5-22),是指按鸽子饲养标准将不同的能量饲料、蛋白质饲料及矿物质、维生素、微量元素和一定的添加剂、黏合剂粉碎均匀混合在一起,由专用机械压制切割而成,具有一定形状、硬度的饲料。按鸽子不同生长阶段的营养需要,颗粒料可制成具有不同营养成分的饲料,即分为哺乳鸽饲料、青年鸽饲料、成年鸽饲料、产蛋鸽饲料。其颗粒随不同的生长阶段而有所不同。试验证明，鸽子颗粒饲料具有以下优点。

①营养成分全，营养价值高。

②可以提高鸽子的抗病能力。在试验期间鸽子的死亡率为0，各种季节性疾病的发病率降低。受伤的鸽子用颗粒料喂养，其伤口愈合速度比较快。

③用颗粒料喂哺乳鸽有生长快、体质好、羽条宽、羽毛紧、下窝早的特点。

④防止鸽子挑食，使用方便。由于颗粒料中已经按鸽子的饲养标准科学地添加了一定量的矿物质、微量元素和维生素，也就避免了有些饲养者在配制饲料时苦于不能准确掌握各种原料配比带来的麻烦。

⑤安全卫生，且有防病作用。颗粒料在生产过程中已经过高温、高压处理，原料中的细菌及病毒已被杀灭，成品经打包直接送到销售点，避免流通过程中可能发生的污染。

⑥成本低。如日粮中的豆类饲料在颗粒料中可用豆粕替代，脂肪饲料可用菜籽饼替代等。鸽子全价配合颗粒饲料与日粮相比，优点是明显的。但目前生产过程中还存在许多问题。

三、矿物质饲料

矿物质饲料（图5-23）属添加剂饲料，含有鸽子所必需的矿物质元素，用以补充日粮中矿物质的不足。矿物质饲料有两类，一类是工业合成的矿物质饲料，如硫酸铜、硫酸亚铁等，另一类是天然矿物质饲料，如石粉、贝壳粉、骨粉、蛋壳粉、红土等。

图5-23　矿物质饲料

(1)工业合成矿物质：在日粮中添加的数量很少，添加时必须混合均匀，不然在配合日粮中某一部分元素含量过多，就会引起鸽子中毒；而另一部分元素含量过少，又会导致微量元素缺乏症。鸽市上有专供鸽子食用的含微量元素的矿物质制剂。

(2)天然矿物质：鸽子需要多种矿物质，其中最主要的是钙质。为了补钙，可以给鸽子吃陈石灰(图 5-24)或碳酸钙(图 5-25)。钙的功用是长骨骼、长羽毛。雏鸽正是最需要补钙的时间段,这时可以在保健砂中加点磷酸氢钙。

图 5-24　陈石灰

图 5-25　碳酸钙

四、保健砂

随着肉鸽业的迅猛发展,各地出现了一批室内饲养肉鸽的规模生产大户。大规模室内饲养的肉鸽容易缺乏各种营养物质,尤其是矿物质,需要人为提供。否则,肉鸽的生长发育就会受到一定的影响,其生产性能也得不到充分发挥。因此,人为配制和提供保健砂(图 5-26)就显得尤为重要。不同的鸽场的保健砂配方虽不尽相同,但主要配料基本相似。现将配制保健砂的主要原料及其作用简述如下。

1. 保健砂主要配料及其作用

(1)骨粉:骨粉(图 5-27)是将动物的骨骼经过高温消毒后将其粉碎而成。所含成分有钙 30.7%、磷 12.8%、钠 5.69%、镁 0.33%、钾 0.19%、硫 2.51%、铁 2.67%、铜 1.15%、锌 1.3%、氯 0.01%、氟 0.05%等。骨粉是饲料中钙、磷、铁的主要来源。骨粉能防止幼鸽发育不良、骨骼变形及软骨症,还可防止雌鸽产软壳蛋、薄壳蛋和砂壳蛋等。养鸽户在购进骨粉时应当注意,未经蒸煮消毒的骨粉、肥田用的骨粉往往带有病原体和杂质,不能用作配料,否则易致鸽子发病。

图 5-26　保健砂

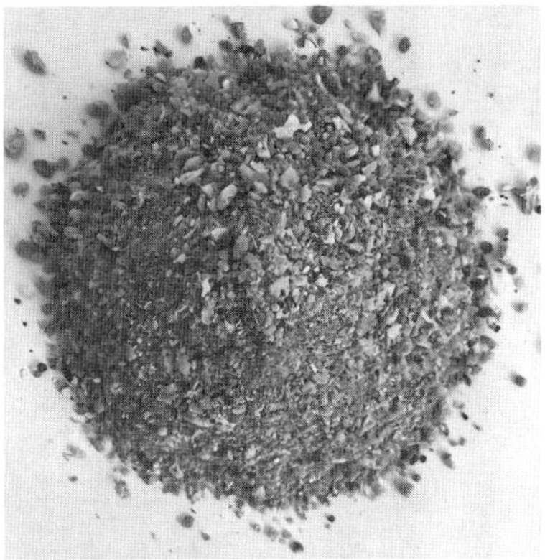

图 5-27　骨粉

(2)蚝壳片:将蚝壳用粉碎机粉碎而成,一般直径 0.8 cm,如豌豆切面大小(图 5-28)。蚝壳是保健砂中提供钙质的主要来源,可促进机体的正常生长发育,防止鸽子发生软骨症和产软壳蛋等。此外,它还与酶的代谢及凝血因子的形成有关。

(3)陈石膏:用量一般为 5%左右,该产品中含有较多的钙质,还具有清热解毒作用。陈石膏对鸽换羽具有促进作用,所以在 8—10 月应在保健砂中适当添加。

(4)蛋壳粉:一般在缺乏蚝壳或骨粉时使用蛋壳粉,用时必须要先将蛋壳炒熟,然后进行粉碎使用。所含成分是钙 34.8%、磷 2.3%。其作用和蚝壳、骨粉相似。

(5)石灰石:含钙质高,用以补充钙质及少量的微量元素。但碱性较强,所以在添加时其用量不宜太多,一般以不超过 5%为宜。

(6)粗砂:最好使用来源于溪流的砂子,采回后进行筛选,去掉小颗粒及大颗粒,使用中等颗粒为佳(图 5-29),并用水冲洗干净,在阳光下晾晒 2～3 h,然后装袋备用。砂粒的作用主要是帮助肌胃对饲料进行机械消化,将吃入的颗粒料磨碎,便于肠道的消化吸收;同时,里面所含的微量元素有部分将被机体吸收利用。若保健砂中没有砂粒,易导致鸽子消化不良,还会降低饲料的利用率。

(7)石米(图 5-30):可代替砂粒;同时来源广,大小均匀,干净好用,不含杂质。石米比砂坚硬,但不必担心会积累在肌胃里。鸽子能根据自身需要来啄食适量的石米,肌胃的压力很大,酸性也强,能将石米磨细,从粪便中排出体外。

图 5-28　蚝壳片

图 5-29　粗砂

(8)氧化铁(图 5-31):该原料呈红棕色,其作用主要是提供鸽子体内所需要的铁质,用以合成血红蛋白,促进血液循环。但该原料不宜用得太多,一般可控制在 0.5%～1.0%。

图 5-30　石米

图 5-31　氧化铁

(9)木炭末:该原料具有较强的吸附作用,能够吸附肠道产生的有害气体和清除有害的化学物质、细菌等,同时还具有收敛止痢的效果。它在肠道中附着于消化道黏膜上,起到保护肠管作用。同时,它又会吸附营养物质,影响肠道的消化吸收功能。所以,该原料在配制时用量不宜太大,控制在 5%以内为好。在使用该原料过程中,用量应当不断进行调整变动,可每周 1 次,变动范围一般为 1%～5%。

(10)食盐:一般用粗颗粒状的海盐。该原料所含主要成分为氯和钠,还有少量的钾、碘、镁等元素。添加食盐主要是补充鸽子体内需要的元素。此外,使用食盐还会起到增强食欲、促进新陈代谢的作用,是配制保健砂中一种不可缺少的原料。但是,添加使用量也不宜过多,以防摄入量过多引起食盐中毒,一般用量为 2%～5%。

2. 保健砂的配制

取地下较深、未受污染的红土，晒干，捣成细末，装袋单独存放；将蛋壳、蚝壳等洗净，晒干后捣碎；将石灰石、陈石膏等清除杂质，捣碎；将木炭末用水冲洗干净，晒干后捣碎。配制保健砂时，应检查各种配料是否干净，有无杂质，有无霉变。应先将配料如红土、贝壳粉、粗砂、骨粉等先混合好，每天喂给保健砂前，再混合其他用量少及易氧化、易潮解的配料。配料时应由少到多，多次搅拌，充分混匀。各鸽场可根据鸽群状态及本场实际情况选择配料成分。

五、鸽的日粮配制

1. 日粮配合的基本原则

日粮是指肉鸽在一昼夜内所采食的各种饲料总量。日粮配合是指根据饲养标准结合具体的饲养条件、品种、年龄等进行饲料的科学配合。将日粮中各种原料组分换算成百分含量，按这一百分比配制成能满足肉鸽营养需要的混合饲料，称为饲粮。根据营养需要量所确定的饲粮中各饲料原料的百分比结构，称为饲料配方。设计饲料配方时既要考虑肉鸽的营养需要及生理特点，又要合理地利用各种饲料资源，才能设计出成本最低，并能获得最佳饲养效果和经济效益的饲料配方。配制肉鸽日粮时主要依据以下原则。

(1)保证饲料的安全性：配合肉鸽的日粮时，应把安全性放在首位。只有首先考虑到日粮的安全性，才能慎重选料和合理用料。慎重选料就是注意掌握饲料质量和等级，最好在配料前先对各种饲料进行检测，也就是要做到心中有数。凡是霉败变质、被毒素污染的饲料都不准使用。饲料本身含有毒物质者，如棉籽饼、菜籽饼等，应控制用量，做到合理用料，防止中毒。

(2)应以饲养标准为依据：我国还没有公布过肉鸽的饲养标准，深入研究肉鸽的营养需要、制定或选择适宜的肉鸽饲养标准是十分必要的。首先应根据肉鸽的品种类型、生产性能等，参考国内外肉鸽的饲养标准制定符合本品种的饲养标准，然后以饲料配方中各养分含量为依据，配合饲料时还应保证能量、蛋白质及限制性氨基酸、钙、有效磷、地区性缺乏的微量元素与重要维生素的供给量，并根据肉鸽生长阶段、季节、饲养管理方式等条件的变化，对饲养标准做适当的增减调整，配制出理想的肉鸽饲料。

(3)符合肉鸽的生理特性:配合日粮时,饲料原料的选择既要满足肉鸽的营养需要,又要与肉鸽的摄食习性、消化生理特点相适应,包括饲料的适口性、容重和粗纤维含量等。肉鸽日粮的粗纤维量不宜超5%。由于肉鸽1 d内的采食量有限,而所需营养又不能少,在选择原料时应十分注意。如果饲料品质不良、适口性差,即使在计算上符合标准,但实际上肉鸽采食少,并不能满足肉鸽的营养需要。

(4)因地制宜选择配方原料:配方原料要充分利用当地生产的和便宜的饲料,最好是在不降低或不太降低饲养效率和经济效益的前提下,尽量就地取材,选择来源广、价格低廉的饲料,以降低生产成本。

(5)饲料种类多样化:选用饲料种类要尽可能多一些,保证营养物质完善,这样不但可以促进营养物质的互补和平衡,提高整个日粮的营养价值和利用率,还可以改善饲料的适口性,增加肉鸽的采食量,保证肉鸽群稳定增产。

(6)日粮配合要均匀:特别是矿物质和维生素等添加剂配入后必须搅拌均匀方可饲喂。

(7)日粮配合要相对稳定:鸽往往对经常采食的饲料形成习惯,并喜欢吃。日粮配方可按饲养效果、饲养管理经验、生产季节和养殖户的生产水平进行适当的调整,但调整的幅度不宜过大,一般控制在10%以下。如果日粮突然变化过大,会引起应激反应,降低肉鸽的生产性能。生产中确需改变日粮配合时,应逐渐过渡,应有1周的过渡期,以免影响肉鸽的食欲,降低生产性能。

2. 原粮日粮搭配技术

原粮日粮就是用各种原粮颗粒料配合而成的混合饲料。这种饲料的配制比较简单,根据饲养对象的营养需要设计好配方后,按配方将各种原料称好并搅拌均匀即可直接饲喂。但这种日粮用的是原粮颗粒,配制时要注意以下问题。

(1)要注意所用原粮的品质:原粮要新鲜、干净、无污染,原粮要选择当年收获的无虫害、无霉变、无农药污染、卫生干净的谷物籽实,灰尘较多的要用水淘洗晾晒后再用。

(2)要考虑原粮颗粒形状、大小:原粮颗粒要大小适中,两端钝圆,圆球状原粮直径以2～5 mm为好,棒状原粮的长度不应超过5 mm。颗粒过大或过长的应破碎后使用。

(3)大小颗粒搭配使用:配制日粮所用原粮颗粒大小差异比较大。日粮颗粒过大会给种鸽采食和哺喂乳鸽造成困难,种鸽就会减少乳鸽哺喂量,致使乳鸽生长发育缓慢,降低商品率。日粮颗粒过小就会增加生产鸽采食时间及维持营养消耗,甚至还会影响种蛋孵化率。生产中原粮日粮最好是玉米、小麦、豌豆、赤小豆搭配使用,花生、蚕豆及大粒玉米破碎后使用。颗粒比较小的火麻仁、油菜籽、芝麻等饲料只能少量补喂。

3. 乳鸽人工灌喂料的配制

肉鸽是晚熟鸟类,出生后要靠种鸽哺育才能生存,通常情况下,需要哺育到20日龄后,乳鸽才能逐步学会采食。

(1)人工鸽乳的配制:鸽乳是乳鸽孵化后期亲鸽嗉囊上皮产生的全浆分泌物。据分析,鸽乳含水分75%~77%,粗蛋白质11%~13%,脂肪5%~7%,灰分1.2%~1.8%,磷0.14%~0.17%,钙0.12%~0.13%,钠0.11%~0.15%,钾0.13%~0.15%,它是初生乳鸽的食物。

推荐人工鸽乳配方如下:①消毒牛奶60%、葡萄糖40%、消化酶适量;②消毒牛奶60%、熟蛋黄10%、葡萄糖30%、消化酶适量;③脱脂奶粉80%、葡萄糖20%、消化酶适量。

(2)乳鸽育肥料的配制:用于人工灌喂的饲料和人工补喂料统称为乳鸽育肥料。在肉鸽生产中为了提高生产鸽繁殖率和乳鸽商品率,通常将7日龄后的乳鸽集中人工饲养。乳鸽育肥料要求营养浓度高、好消化、易吸收,因此生产中多选用优质豆粕、进口鱼粉、脱脂奶粉等高蛋白饲料配制育肥料。比较简单实用的方法是用肉用雏鸡料加玉米粉,按1∶1比例配合后,加入适量的多种维生素、赖氨酸、葡萄糖及药物,此配方已在较多的鸽场应用于15日龄后的乳鸽。

乳鸽人工哺喂时要注意以下问题。

①鸽育肥料通常是依据配方将粉碎为面样的各种原料配合在一起,人工哺喂前,应将其用沸水调制成糊状,一般以料、水比为1∶(2~3)来调制。

②哺喂乳鸽用注射器接胶管经食道注入乳鸽嗉囊内,每天喂2次。喂料时操作要小心,避免将饲料注入乳鸽气管内。

③人工哺喂的乳鸽饲养密度不能太大,否则容易相互挤压造成伤残,并要保持环境的安静和干燥。

④人工哺喂的乳鸽在冬天容易受冻致死,要注意人工保温。

注意事项

①植物性蛋白质饲料的安全性强，一般都符合饲料卫生标准，采购时应注意：水分含量要低，具有该品种应有的色、臭、味和组织形态特征，新鲜，无发霉、变质、结块、异味及异臭。

②玉米易发霉变质，要干燥保存，变质后的玉米发苦，口味较差，易造成肉鸽霉菌毒素中毒。对采购的玉米要求：感官上应籽粒饱满、整齐、均匀，色泽鲜亮，无发霉、变质、结块、异味及异臭，玉米胚芽部分无发黑霉变，含水量在14%以下。

③小麦含有抗营养因子如戊聚糖、植酸磷等，肉鸽不能消化吸收，大量利用时应添加戊聚糖酶、植酸酶，提高消化率，减少对环境的污染；另外，小麦易感染赤霉菌，使用时注意观察是否有霉变。

④对于蛋白质和脂肪含量很高的籽实类饲料，如黄豆、黑豆，分别含蛋白质37%和36.1%，含脂肪16.2%和14.5%，不宜过多喂肉鸽，以免引起消化不良和下痢。

⑤豌豆品种不同，其营养成分差异较大，通常宜选用低纤维、高淀粉的豌豆饲喂肉鸽；大豆适口性不如豌豆，用大豆喂成年鸽，粪便黏糊，喂后仔鸽也受影响。因此，用量不宜太多。另外，大豆含有抗胰蛋白酶，不经加热处理直接饲喂的效果甚差。因此，用大豆饲喂肉鸽时必须先进行蒸熟或炒熟处理。

⑥棉籽饼(粕)中含有毒的游离棉酚，对鸽的代谢和体组织有破坏作用，过多使用会引起中毒。可采用长时间蒸煮或用0.05%硫酸亚铁溶液浸泡去毒，以减少棉酚对肉鸽的毒害作用。其用量在5%以下。

⑦生产中不能单纯盲目地追求饲料种类多，如果多种饲料搭配后养分并不平衡，多者更多，少者相对更少，效果反而不好。应根据不同饲料中各种养分互补关系进行合理搭配，配制出符合肉鸽需要的饲料。

⑧火麻仁脂肪含量高，饲喂过多易引起鸽下痢和过于兴奋。

知识拓展

1. 饲料添加剂

饲料添加剂是指在配合饲料中添加的各种微量成分。其目的在于满足鸽生产的特殊需要，如保健、促生长、增食欲、防饲料变质、改善饲料及产品品质、改善养殖环境等，从而提高养鸽生产的经济效益。饲料添加剂可分为营养性添加剂和非营养性添加剂。

(1)营养性添加剂：营养性添加剂是主要用于平衡鸽日粮成分，以增强和补充日粮的营养为目的的微量添加成分。营养性添加剂包括氨基酸添加剂、维生素添加剂、微量元素添加剂等。

(2)非营养性添加剂：非营养性添加剂不是鸽必需的营养物质，但添加到饲料中可以产生良好的效果，有的可以预防疾病、促进生产、促进食欲，有的可以提高产品质量和延长饲料的保质期限等。常用的有益生菌、抗氧化添加剂、防霉剂、酶制剂、益生素、酸化剂等。

2. 日粮配方设计方法

肉鸽日粮配方设计的方法包括手工配方法和计算机配方法。其中手工配方法容易掌握，但完成配方的速度慢。日粮配合的理想工具是计算机，计算机可以应用先进的线性规划法，迅速完成配方设计，而且可以把成本降到最低。计算机配方法现有出售的软件，其操作智能化，无须详细介绍。下面只介绍手工配方法，供小型鸽场或个体户参考。手工配方法主要有试差法和线性规划法等。试差法运算简单、容易掌握，可借助笔算、珠算、电子计算器完成，在实践中应用仍相当普遍，现介绍如下。

(1)确定相应的饲养标准：根据肉鸽的品种类型、生长阶段、生产水平，查找肉鸽的饲养标准，确定日粮的主要营养指标，一般需列出代谢能、粗蛋白质、钙、磷、赖氨酸、蛋氨酸、蛋氨酸＋胱氨酸等。

(2)确定饲料种类和大概比例：根据市场行情选择饲料原料，在肉鸽饲料营养价值表中，查出选用饲料的成分及营养价值。各类饲料占日粮的大致比例见表 5-3。

表 5-3　肉鸽常用饲料使用比例

蛋白质饲料		能量饲料	
品种	适宜比例/%	品种	适宜比例/%
豌豆	5～25	玉米	50～70
大豆	5～25	小麦	10～30

续表 5-3

蛋白质饲料		能量饲料	
品种	适宜比例/%	品种	适宜比例/%
赤小豆	5～15	稻谷	<10
绿豆	3～5	糜子	<5
豆粕	10～30	糙米	10～20
棉粕	<5	麸皮	<5

(3)初算:将各种饲料的百分比按常用饲料成分表计算出营养成分含量,所得结果与饲养标准进行比较。

(4)调整:反复调整饲料原料比例,直到与标准的要求一致或接近。

思考总结

1. 能量饲料和蛋白质饲料都有哪些?
2. 肉鸽的日粮配制原则是什么?
3. 一些常见原料的使用有何注意事项?

任务 3　种鸽的饲养管理

一、饲养管理的一般原则

1. 坚持少量多次的喂料原则

肉鸽饲料投喂方式有两种形式,一种是每天 1 次投足饲料让其自由采食,保证料槽不断料;另一种是定时、定量分餐投喂。实践证明后者可以保持肉鸽良好的食欲,使肉鸽少挑食,采食均匀,摄入营养物质均衡,饲料抛撒、污染少,激发鸽的运动,增强鸽的体质,建立良好的采食条件反射,而且有利于建立人、鸽之间的亲和关系,生产中多采用。每次喂量在九成饱。

2. 定时定量添加保健砂

保健砂对肉鸽来说，与饲料同等重要，一天也不能缺乏。一般每天上午供给新配保健砂 1 次，每对鸽每次添加保健砂 15～20 g，青年鸽及非育雏期的亲鸽可少给些，育雏期的亲鸽可多给些。

3. 全天供水不断

每只鸽每天需水量平均为 30～70 mL，夏季及哺乳期饮水还要多一些。尤其在炎热的夏季更不能断水，若缺水 2 h，很容易因体温升高而导致鸽中暑。肉鸽生产中采取整天供水，任其自由饮用。饮水要求清洁且无色无味，水槽中的水要随时保持充盈，并每天更换一次。饮水温度以自然温度为好，饮水器应经常清洗。根据鸽的健康状况，还可以供给加药饮水，并不定期地与清水轮换，以起到杀菌、防疾的作用。

4. 适时水浴

水浴是鸽的一种习性，具有刺激鸽体激素分泌、促进鸽生长发育、清洁鸽体、防止体外寄生虫侵袭等作用。肉鸽水浴次数要根据季节、气候和纬度的不同灵活掌握。炎热的夏季每天洗浴 2～3 次，天气温和时每天洗浴 1 次，寒冷的冬季每周洗浴 1 次或 2 次，并且最好在晴天的中午进行。浴池的水应为流水式，一边进入清水，一边排出污水，保持池水清洁。在鸽洗浴的水中加入 0.1% 的高锰酸钾或碘酒，对防治寄生虫会更为有效。笼养鸽与粪便接触机会少，身体较干净，并且洗浴较困难，一般用喷雾来代替水浴，特殊情况下可逐对分次进行水浴。

5. 经常观察鸽群

每天细心观察鸽群是一项不应忽视且又十分重要的管理工作。每天都要观察鸽的精神状态、采食饮水情况、粪便的稠稀和颜色等，做好记录。如有异常则应分析原因，采取措施，及时解决问题。

6. 补充人工光照

光照会刺激性激素的分泌，促进精子和卵子的成熟和排出，而且晚上给予光照，产鸽能正常吃到饲料和育雏，使乳鸽生长加快。一般来说，产鸽每天光照应达到 16～17 h，日照不足部分应人工补光。人工光照可用日光灯管或普通白炽灯，光线应柔和，不宜太弱或太强。光照控制可通过自动开关或由专人负责，定时开关。

7. 做好各项记录工作

生产记录是反映鸽群动态，用以指导生产和改善经营管理及提供选种的依据。饲养员在做好每天的饲喂和工作记录的同时，对繁殖生产鸽还要定时检查，按一定要求记录鸽的产蛋、孵化、出雏时间及乳鸽的生长发育情况。

二、童鸽的饲养管理

（一）童鸽的选择

童鸽指留作种用的1～2月龄鸽。

1. 对童鸽的父母代进行选择

父母鸽必须毛色统一，无杂色，羽毛光滑且薄、贴手，公鸽体重650～750 g，脚爪粗壮，母鸽600～700 g，要求脚矮。

父母鸽在自然生产情况下的产蛋周期平均为30～32 d(人工孵化除外)，幼鸽的成活率在90%以上，年平均产16～18只乳鸽为最佳。

父母鸽的龙骨必须粗壮，无弯曲，尤其母鸽的龙骨一定要长，头要大小适中。

2. 对童鸽进行选择

(1)选择时间：童鸽挑选时期一般在3月份的第一窝，或者在秋后父母鸽换毛后的第一窝。必须在童鸽14日龄时就做好标记，并及时对其做好防疫措施，接种疫苗。童鸽28日龄左右时应预防毛滴虫，毛滴虫会在童鸽与父母分离时由于免疫力下降而暴发并引发其他疾病。

(2)选择标准：28日龄左右的童鸽，公鸽的体重应该为650 g，并且羽毛光滑无杂毛，头要圆大，眼睛明亮有神，背膘厚实有力，龙骨粗壮平直，脚爪要大、粗壮、色彩鲜红；母鸽的体重为550～600 g，不宜太大也不宜太小，同样要求背膘宽壮，龙骨长而粗、无弯曲，耻骨更硬紧，眼睛明亮有神，喉咙更宽大。

①观察童鸽的口、鼻、眼睛：健康的童鸽应眼睛明亮，干净有神，鼻干燥，嘴干净。

②观察鸽子的羽毛情况：健康的童鸽子翅膀羽毛光亮、全身羽毛伏贴平顺。若发现羽毛蓬松、脏乱且失去光泽，说明童鸽生病，应及时找出病因，预防治疗，但不宜留种。

(二)童鸽的饲养管理

童鸽最容易生病,因此加强营养和防病是本阶段管理重点。

1. 饲养方式

采用网上平养的方式,如图5-32所示。留种用仔鸽在入笼前要戴好脚环。对于一般商品种鸽,可将两只同巢童鸽分别放入不同鸽舍,以免配对时造成近亲繁殖。

图5-32 网上平养

2. 饲养管理要点

童鸽阶段生活环境变化很大,适应能力弱,抗病力较差,特别是转群后几天的乳鸽食欲差,有的甚至不会啄食,因此要特别细心照料。

(1)设施条件的完善:提供一定运动空间,注意棚舍保暖,舍内设料槽、饮水器、保健砂盆及栖息架等设施。

(2)喂料要定时、定质和定量:童鸽消化系统的功能尚未完善,消化饲料的能力差。断乳2～3 d内虽会觅食和吃食,但常会将食物啄起又掉下,而不会把食物吞咽进嗉囊内,因此颗粒大的饲料应先压碎成小颗粒,并浸泡12～24 h后再喂给。乳鸽饲料的品种、数量、比例应与其亲鸽相同。

(3)给予清洁饮水:在饮水中适当加入食盐和健胃药,同时要供给充足的保健砂。如果采用人工控制饲喂方式,一定要严格遵守定时定量的操作规程。

(4)细心照料:冬春季节要注意防风保暖,夏秋季节要注意防暑、通风、防蚊。同时要搞好场地、饮水器、料槽等卫生消毒工作。为防止早配,巢内不应放巢盆。

(5)加强观察:30～40日龄的童鸽,由于离亲鸽后独立生活,有些不能自主取食,加上群养杂乱,有些鸽表现不太适应,所以要加强观察,即看动态、看饮食、看粪便。

如发现鸽眼有分泌物(黄色),结膜浮肿,角膜混浊,瞳孔缩小或放大,流眼泪,鼻子有浓黄色鼻涕,应及时分析原因,进行预防治疗。

如发现鸽张嘴呼吸、打喷嚏、单眼伤风、气喘或呼吸频率加快,或听到呼吸啰音，或似有喉咙痰结时，说明童鸽有呼吸道感染，应及时进行预防并隔离治疗。鸽打喷嚏一般常发生在过度拥挤、粉尘较多且通风不好的鸽舍，应及时调整饲养密度，保证空气流通，并辅以药物治疗。

图 5-33　鸽子换羽

(6)注意换羽期管理：50～60 日龄开始换羽(图 5-33)，第一根主翼羽首先脱落，往后每隔 15～20 d 再换一根，与此同时，副主翼羽和其他部位的羽毛也先后脱落更新。

①调整饲料，加强保健。增加日粮中能量饲料的比例，可达 89%～90%，适当增加含能量高的火麻仁(5%～6%)或油菜籽(占 1%～3%)比例，促进换羽。

②预防疾病。换羽期童鸽生理变化较大，对外界环境条件较敏感，抗病力较弱，易受沙门氏菌、球虫等感染，并常患感冒和咳嗽。预防措施是在保健砂中可添加穿心莲、龙胆草等中药；饮水中交替添加维生素、微生态制剂等。对病鸽应及时隔离治疗。

三、青年鸽的饲养管理

青年鸽指 2～6 月龄的鸽子，饲养管理方法除延续童鸽的一些管理措施外，还应根据其特点来进行饲养管理。

1. 青年种鸽的特点

①经过换羽期后，鸽子进入稳定的生长期，生长速度比童鸽快，是骨骼发育的主要阶段。

②采食正常，消化机能发育逐渐完善，适应了坚实的籽实饲料。

③好斗，争夺栖架，新陈代谢相对旺盛，采食量增加。

④逐渐达到性成熟，要防止早熟、早配、早产等现象。

⑤群养的青年鸽相互接触的机会多，环境应激也多，易发生应激反应。

2. 青年种鸽的日常管理

(1)设施条件：4 月龄种鸽进入后备期，要供应充足的料槽、饮水器，足够的栖架，干燥的巢窝。定期喷雾消毒，减少鸽体外寄生虫。

(2)选留后备种鸽：进行第一次后备种鸽选择，去劣留良，然后对这批鸽进行一次药物预防和驱虫，再进入后备鸽舍。

(3)雌雄鸽分开饲养：为防止早熟、早配、早产和近亲繁殖，雌鸽和雄鸽应分开饲养。

(4)限制饲养：若后备鸽较肥胖、早熟，常常会出现早产，产无精蛋、畸形蛋，头窝蛋受精率低等不良现象。从种鸽的利用年限和经济效益考虑，需对后备鸽在3～4月龄进行限制饲养。其方法是定时、定量，每次不宜喂得过饱，每只鸽每天喂料控制在8成饱左右，约半小时吃完，一般为30～35 g，每天喂2次。吃完料后将食槽拿开或取出剩余饲料。

(5)改善日粮水平：调整5～6月龄青年鸽日粮组成，提高日粮质量和增加日喂料量，可促进青年鸽成熟，且可使鸽群发育比较一致，开产时间比较整齐。这个时期的鸽子发育已趋向成熟，主翼羽脱换七八根，此时调整日粮组成显得非常重要。日粮组成为：豆类饲料占25%～30%，能量饲料占70%～75%。每天喂2次，每天每只喂40 g。此时日粮的蛋白质水平不能低于15%。保健砂中应添加微量元素、维生素和氨基酸等。

(6)后备鸽的保健：

①重点预防青年鸽中的单眼伤风，俗称鸟疫症，常在青年鸽60～100日龄时发生，主要通过麻雀及其脱落的羽毛、灰尘、蚊子等传播。主要预防措施：提高青年鸽的自身抵抗力，加强营养，及时清除羽毛及粪尘，有条件的不让麻雀进入青年鸽舍，做好饲养员的消毒工作。

②配对前20 d左右做一次成年鸽体内外寄生虫清除工作，包括毛滴虫、球虫、蛔虫、鸽虱、羽螨等。在处理好寄生虫以后，补充维生素及电解质，保证成年鸽有充足的体质和健康的身体。

(7)配对上笼：青年鸽的10根主翼羽更换完毕后即可配对、上笼，进而转入繁殖鸽舍进行生产。本阶段限饲结束后，要提高饲料营养水平，保证能量饲料全面，同时增加保健砂、维生素供应量；140日龄后，早熟品种在体形、羽色及活动中表现均已成熟，可以批量上笼，在上笼过程中进行去劣留优，挑出不合格的成年鸽（羽色杂乱，无品种特征；龙骨弯曲，身体有残缺；雌鸽体形偏瘦小，发育不良，龙骨短细；雄鸽龙骨细，发育不良，体重偏轻小，没有雄性特征等）。

四、配对期种鸽的饲养管理

青年鸽长至5～6月龄，主翼羽已更换7～8根，这时便进入性成熟期，一般在更换10根主翼羽后就开始配对、繁殖，此时称为种鸽或生产鸽。种鸽的配对工作是生产中的一个重要环节，应做到及时配种，尤其对于新建鸽场大批引进繁殖鸽时更为重要。如果方法得当，便能及时完成配对，提早繁殖。

1. 配对原则

必须准确鉴别雌雄、年龄，严禁近亲配对。对未成年的种鸽，不可强行配对。强行配对容易造成打斗，未成年雌鸽或拒配雌鸽易被啄烂头皮，出现这一情况应立即将鸽分离。

2. 配对设施

要有供配对的棚舍和充足的配对笼，做好准备工作。

3. 新配对鸽的饲养管理

笼养种鸽主要是根据繁殖育种的要求，按体形、外貌和繁殖力进行有目的的配对。若雌雄鉴别准确，配对恰当，上笼后几小时就能相互共处，2～3 d后相处就很融洽。但对初配的种鸽，起先几天饲养员要每天观察几次，发现个别配对不当或配错者应及时拆散、重配。配对不当的情况有：两只都是雄鸽或雌鸽：或虽是一雌一雄，但不愿相配。如果都是雌鸽，它们之间可能不打斗，所产的蛋都是无精蛋或不产蛋，遇到这种情况应仔细观察和重新进行鉴别，把雌雄调配好。

4. 日粮

饲料不足和管理不善的鸽场会造成产单蛋，所以，为了提高乳鸽产量，应加强营养，规范管理。对快要产蛋的种鸽，应及早提高日粮的营养水平，调高豆类比例，供给充足的保健砂、维生素，并增喂富含磷、钙的矿物质（如蛋壳等），以提高蛋重与蛋壳强度，减少孵化时鸽蛋的破损和增加初生雏鸽的体重，促使早日产蛋，减少无精蛋。

5. 异常现象的处理

配对后出现异常情况时，须查明原因，采取相应措施。

（1）配对后连续产3～4枚鸽蛋：可能因为两只亲鸽都是雌鸽，应及时调整。

(2)配对后连续打斗:可能因为①两只都是雄鸽;②雌鸽未发育成熟;③雌鸽配对前已有对象,恋旧,对现在的雄鸽无感情。如果在群养鸽中,争偶打斗现象频频不绝,主要原因则是雌雄比例失控,群体中的“单身鸽”造成鸽舍内不安宁。应及时挑出“单身鸽”,进行人工配对。

(3)孵化失败:初产鸽性格暴烈,情绪不稳定,常踩破蛋,或弃蛋不孵,导致死精、死胎,造成孵化失败。遇到这种情况,应利用保姆鸽代孵。

五、孵化期种鸽的饲养管理

种鸽上笼配对到孵蛋,一般分为配对坐窝、产蛋和孵化3个阶段。

1. 配对坐窝阶段

坐窝是成对种鸽生命中最重要的阶段,对鸽场生产取得成功所起的作用在50%以上。管理上需要注意:

①一次性将日龄相等或相近种鸽全部成对迁入同一个棚舍内(指笼养)。

②尽可能满足同时迁入数量相等的雄鸽和雌鸽。

③保证全部鸽子都能正确地采食和饮水。坐窝安定的种鸽即会交配产蛋。

2. 产蛋阶段

产蛋时,雌鸽常常蹲在巢盆内,雄鸽衔草,雌鸽做巢(图5-34)。这时,应该在巢盆内垫上一层麻布,在麻布下铺一层短稻草、谷壳或秸秆作为垫料,一般配对后10 d左右就会产下2枚蛋。

图5-34　鸽子巢窝

(1)巢窝管理:对新的巢窝,要铺垫人工编制的草窝,一般选用细短柔软的稻草秸秆,放入巢窝,让鸽子坐窝;对经产巢窝,应在乳鸽下巢时更换新巢窝。为了保证孵蛋鸽的安全,应防止鼠、猫、蛇等侵入,避免鸽受到惊扰,保证生产顺利进行。凡是受敌害惊吓过的种鸽,大多不肯抱窝,因此发现有不肯抱窝的种鸽时,要查明原因,并加以排除。要防止贼风侵入巢窝,或巢房漏雨浸湿种蛋等。

(2)产蛋开始:饲养员应注意观察种鸽的繁殖动态,当雄鸽在笼周围积极寻找杂物(如羽毛)带入巢盆,而雌鸽又较长时间蹲在巢盆内甚至采食时也不愿离巢时,表明雌鸽即将产蛋,因此,饲养员应及早准备巢盆,不能使用发霉的稻草做巢盆。

(3)检查产蛋:防止鸽子产无精蛋、软壳蛋和畸形蛋。开产初期,无精蛋会多些,但受精率低于70%则属不正常,此时应检查配对是否合理、有无全雌情况出现、保健砂是否按配方要求供给。营养不全面时常出现软壳蛋、薄壳蛋、砂壳蛋。尽量减少破蛋,造成破蛋的原因有很多:

①巢盘结构不合理,没有把巢盆放好或者底部过分平坦,两蛋不集中,易被亲鸽踩破。

②两鸽感情不和,尤其是新配对的鸽性格暴烈,情绪不稳定,常常相啄,窜来窜去,导致蛋被踩破。

③受陌生人或野生动物等惊扰,饲养人员工作时不细心,使鸽受惊而踩破蛋。

④鸽子的体重太重,加之鸽巢位置不当,也会踩破蛋。

⑤鸽子体内缺乏某些元素或有恶习而吃食鸽蛋。

3. 孵化阶段

鸽在产2枚蛋后,正式开始孵化,孵化期为18 d。若超过18 d,鸽子会弃旧巢,寻找新巢产蛋。孵蛋工作由雌雄鸽共同承担。对蛋的管理是这一阶段的关键。

(1)减少环境应激:蛋的孵化需要一个稳定的温度。亲鸽长时间离巢会导致孵化失败。为了让亲鸽专心孵化,生产鸽舍要避免强的光线照射和邻鸽的干扰;要认真做好灭鼠、防蛇、防猫等工作。禁止陌生人入内或突然出现噪声而使亲鸽受惊。

(2)做好保暖或降温工作:鸽子的孵化温度不是人工控制的,受自然温度影响很大。寒冬季节,孵化早期易出现死胎,应做好草窝,防止贼风的侵袭等;酷暑季节,孵化后期易出现死胎,应做好降温工作,如及时遮阳,防止烈日直射,开窗通风,往地板上洒冷水,条件好的鸽场可以用风扇、湿淋降温。

(3)供应优质日粮与清洁饮水:孵化中的种鸽,由于活动少,孵化过程中新陈代谢较低,采食量下降。孵化期应注意供给饲料的质量和可消化性,不间断地供应清洁饮水，每天供给新鲜保健砂，并在保健砂中添加健胃及抗菌药物。

(4)防止雌雄鸽争相孵蛋：经产鸽尤其是老龄鸽，就巢性强，相互调换孵化本能失衡，常争着孵蛋。鸽蛋在孵化一周后，蛋壳生理性变薄，极易被压挤而破壳，造成不必要损失，这是孵单蛋、出单雏的主要原因之一。有效的方法是将老龄鸽及时淘汰。

(5)取蛋：不论查蛋或是并蛋，均需将蛋取出，所以取蛋时动作要柔和，切忌粗暴，并戴上线手套(以防啄伤)。取蛋时一只手手心向下，通过鸽的腹部，另一只手轻轻托起巢中亲鸽，再将蛋抓起，取出；放回蛋时，同样是手背向上，抓住蛋，另一只手托起巢中亲鸽，将蛋放回鸽巢。

(6)做好查蛋、照蛋和并蛋：饲养员每天都要检查蛋，通过看蛋的颜色推测孵化情况。发现蛋壳上粘有粪便，应用纱布擦干净；若粪便已干结，应用冷水使其软化后再擦除。因为如果粪便污染了蛋壳，病菌可在孵化过程中穿过蛋壳侵入蛋内，导致胚胎死亡。在孵化期内，分别在第4天、第10天各进行一次照蛋(图5-35)，对无精蛋(俗称光蛋)、死精蛋(红根蛋)和死胚蛋(臭蛋)应及时取出，同时及时对单蛋进行并蛋，提高孵化效率。

图5-35　照蛋

(7)对不愿孵蛋鸽的处理：有些新配对的种鸽，在产下两枚蛋后仍不愿孵化，应将它们的种蛋并给其他种鸽孵。

六、非育雏期种鸽的饲养管理

1. 换羽期种鸽

种鸽于每年夏末秋初换羽一次，有的在春季也换羽，换羽时间长达1～2个月。换羽对高产品种的生产影响不大；对于换羽期停产的鸽子其后代不留作种用。当鸽群普遍开始换羽时，应在饲粮中增加火麻仁、油菜籽等，保健砂中添加含硫氨基酸，以使羽毛正常生长和迅速恢复体力，促使早日产蛋。对在换羽期内仍孵蛋或育雏的种鸽，应照常供水、喂料。

2. 调整、淘汰和充实种鸽群

在种鸽换羽期间，要根据生产的原始记录，全面地检查种鸽的生产情况，对那些生产性能差、停产及伤残的种鸽及时淘汰。一般种鸽生产至第 4 年或第 5 年时要适时淘汰，每年要淘汰年产少于 12 只乳鸽的种鸽，并找出优良成对种鸽进行选育。

3. 保证环境清洁

结合换羽、淘汰种鸽，对所有工具、用具，笼内外、棚舍内外和场内外进行一次彻底清扫、冲洗和消毒。

七、育雏期种鸽的饲养管理

育雏期种鸽的饲养管理是种鸽生产过程中最复杂的一个阶段，它包括种鸽自身的管理和乳鸽生长的管理。

1. 乳鸽的生长特点

乳鸽指从出生至 1 月龄的鸽子。

(1)生长速度：经过 18 d 的孵化，雏鸽即破壳而出。刚孵出时身体很小，喙相对于其躯体显得出奇大。眼睛不能睁开，躯体软弱，不能行走，斜卧在亲鸽腹下，乳鸽的生长速度较快，孵出后 48 h 内体重就可增加一倍。

(2)觅食：乳鸽感觉饥饿时，嘴向上抬起寻找食物，触动亲鸽的腹部和嗉囊。此时亲鸽(无论是雄鸽还是雌鸽)就会稍微向后退去，露出雏鸽，低头对其饲喂鸽乳。

(3)乳鸽的日喂量：乳鸽食欲大，饲料转化率高，每天都可吃下几乎相当于其体重的食物。在上午哺喂量最多，其次是下午，中午很少，夜间极少哺喂。而且乳鸽的食量随着日龄的增长而逐步增加，10～20 日龄食量最大，以后递减。28～30 日龄亲鸽的哺喂量很少，主要是因为亲鸽在乳鸽达 15～25 日龄时(杂交王鸽平均为 21 日龄)就开始产蛋孵化，上午、下午大多由 1 只亲鸽哺喂，故其哺喂量逐步减少；25 日龄左右的乳鸽开始学啄饲料，亲鸽为了使其逐渐适应日后独立生活，开始减少哺喂量。这时还时常见到亲鸽轻啄驱赶乳鸽的行为，即所谓的“逐巢”。

(4)羽毛的生长速度:乳鸽出壳后 6～7 d时可见到羽毛。有色羽毛在其穿出皮肤之前即可看到。不过偶尔可见纯白鸽子有深色的皮肤、腿和喙。乳鸽的羽毛生长速度与饲料的营养水平及增重速度关系密切。5 周龄以前,鸽子的大羽毛长得较快,3 周龄以前最快,以后就减慢。9 周龄时,幼鸽的羽毛长度还达不到成年鸽的羽毛长度,必须在换羽后重新长出新的羽毛时才能达到。

2. 乳鸽的管理要点

①生产鸽舍尽量保持鸽舍安静不受惊扰,最好不让陌生人到舍内参观,以免产鸽惊慌踩死仔鸽。

②给亲鸽补喂高蛋白质饲料、矿物质、微量元素和多种维生素,提高饲料质量,满足乳鸽迅速生长对各种营养的需要。

③2～5 日龄乳鸽容易喂得过饱。出现消化不良时,可以给亲鸽各喂两片酵母片,让药物通过鸽乳带给仔鸽。

④仔鸽在巢盆内积粪较多,应随时更换垫片;注意舍内空气质量,常清粪,保持舍内清洁干爽。

⑤注意预防毛滴虫病、副伤寒、鹅口疮和鸽痘;平时搞好饲养管理,加强卫生消毒防疫工作,保持合理的饲养密度,保持鸽舍通风良好,供给充足的全价饲料和新鲜的保健砂,增强鸽子自身的抵抗力。避免各种原因引起的啄癖或机械性外伤,杜绝鸡鸽混养。

⑥乳鸽 12 日龄时可以将乳鸽从巢盆移至笼下垫布上,同时清洁巢盆、换上干净垫布,给种鸽下蛋做好准备。

⑦乳鸽 16 日龄左右时,高产的雌鸽又开始下蛋,注意已经下蛋雌鸽的喂仔情况,如果发现有的产鸽不喂仔了,要将仔鸽隔离出来并窝饲养或进行人工哺乳。

⑧留种用乳鸽 20～25 日龄时已能在笼内活动,但还不能自己啄食,仍然依靠亲鸽哺喂。此时,在管理上应增加蛋白质饲料的供应,但每次放料不能太多,以防亲鸽吃得太多而将乳鸽喂得太饱。

3. 育雏期种鸽的饲养管理

乳鸽的死亡多发生于刚孵出不久时,因此,适时护理非常重要。

(1)调教亲鸽哺喂乳鸽:乳鸽出生体重仅 18～22 g,无自食能力,本能地用头部触动亲鸽腹部或嗉囊,待 24 h 左右才知饥饿,需由亲鸽哺育,个别亲鸽尤其是初次生育的种鸽，此时若不哺喂乳鸽，应给予调教。调教的方法是把乳鸽的喙小心地插入亲鸽口腔中，经多次重复后亲鸽就会哺喂。如果再不哺喂，应迅速找出原因并采取相应措施，如亲鸽有病的则治病，母性极差的予以淘汰；对失去照顾的乳鸽，可采用并窝或人工哺育等方法。

(2)及时更换巢盆垫料：乳鸽 3～4 日龄后，食量日增，消化能力极强，排出大量黏稠的粪便，很容易污染巢盆。同时，生长速度很快，但抵抗力极差。如果垫料潮湿、发臭、生虫，则容易感染疾病。潮湿体表散热快，易着凉感冒。乳鸽阶段需更换一两次垫料，巢盆的垫料(草或麻布片)要随时保持清洁干燥。

(3)注意防寒保暖：由于哺食量增加，亲鸽开始离巢觅食，缩短了保温时间。10 日龄左右，乳鸽的羽毛虽已经长出，但对外界温度的调节能力差，特别是春季、冬季，要注意加厚巢盆或草盆中的垫料。

(4)适时并窝：并窝是提高种鸽繁殖力的有效措施之一。为了充分发挥亲鸽的育雏能力，并窝的种鸽可以提早 10 d 左右产蛋，从而缩短了产蛋期，种鸽的产蛋率可提高 50%左右。在乳鸽生长速度相近的情况下，并窝组乳鸽每日平均耗料量较少。但实施这种方法时必须坚持一定原则，否则种鸽会在几个月内不产蛋，或产无精蛋、软壳蛋、畸形蛋。

(5)乳鸽换位：自然孵化时，先出壳的那只乳鸽常常长得较快。另外，亲鸽习惯于每次按固定顺序哺喂，先授喂的那一只同样长得较快。所以，在同一窝的两只乳鸽大小差异较大。

遇到上述情况，应在 6～7 日龄乳鸽站立之前，把它们在巢盆中的位置互相调换，这样亲鸽可先喂小的乳鸽，从而使小的赶上大的。也可以每天人工喂饱生长速度较快的乳鸽，较小的则由亲鸽哺喂。如果待乳鸽会行走时才发现体重差异，到时要想调换采食位置则较难，应采用并窝方法。

(6)预防疾病：乳鸽在饲料发生变化时，易发生嗉囊积食、消化不良和胃部炎症等消化道疾病。防治方法除喂保健砂外，可以在 10 日龄前后喂酵母片或微生态制剂等健胃助消化添加剂，也可适当减少亲鸽的食量，或者给亲鸽喂经过浸透晾干的谷豆类饲料。

(7)保姆鸽辅育：生产力旺盛的种鸽在孵蛋 15 d 左右，又要产第二窝蛋时，可以借助保姆鸽辅育，将刚出壳的乳鸽移走，充分发挥高产鸽的优势，提高产量。

(8)出巢:15 日龄的乳鸽,体重已接近亲鸽,羽毛已基本长齐,能自行活动,可以捉离蛋巢,放在笼网上饲养。头几天在笼底部放一块约 40 cm(长)×30 cm(宽)的麻布、油毡或硬纸板,最好在其上再放一草盆,这样乳鸽既有蹲卧的巢,又有活动场所,让乳鸽慢慢地适应网上生活而不至于扭伤腿脚、关节,并随时清除垫板上黏稠的粪便。

(9)人工哺育或诱食:乳鸽在 20～25 日龄时可分为食用鸽和留种用鸽。随着用途的不同,须采用不同的管理方式。

①20～25 日龄后,乳鸽已能在笼内活动,但还不能自己啄食,仍然依靠亲鸽哺喂。留种用乳鸽可继续留在亲鸽身边,待 25～30 日龄能独立生活时,及时捉离亲鸽。

②准备上市的商品乳鸽可采用人工育肥。

(10)经常检查、观察:目的是了解乳鸽的精神状态、食欲及粪便情况,以便及时发现问题、解决问题。如有异常表现,应立即查明原因,检查是否有病、营养不良、存在鼠害或虫害,以防发生严重问题;同时,也防止压伤。

(11)留种鸽系谱建立:当乳鸽长到 30 日龄左右时,从系谱和生产性能都良好的亲鸽所生的后代中选拔生长发育好、健康状况佳、无外貌缺陷、体重达标的幼鸽留种。选出的幼鸽应套上编有号码的脚环,并记载好脚环号码、羽翼特征、体重、性别、出生日期、亲代生产性能等原始资料,然后转入青年鸽舍饲养。

(12)合理饲喂:育雏期亲鸽饲喂不同于孵化期亲鸽,雌鸽除产蛋外,仍要协助育雏。此时如果日粮营养水平低,将影响下一窝鸽蛋的大小和质量,甚至降低孵化率和产弱雏。因此,除定时供料外,每天应补料 2～3 次。群养鸽在供料后,在笼内增加一个料槽,以便鸽随时取食。日粮结构中豆类饲料占 35%～40%,能量饲料占 60%～65%。

(13)做好记录:在生产过程中,应把每对种鸽的年产窝数、育成率、乳鸽重、产蛋周期一一记录清楚,便于积累生产资料,分析问题,为计划生产和选种提供依据。

(14)适时上市:一般乳鸽生长发育至 25 日龄以上时,就可达到上市水平。这时其体脂肪含量较其他任何时候都高,但还不会出巢运动,故其脂肪尚未被消耗。

注意事项

①青年种鸽比较容易感染疾病，要针对肠道疾病和呼吸道疾病定期进行预防性用药。建议多使用微生态制剂和中草药等饲喂预防。同时关注天气预报，如遇大风大雨寒潮，要注意防护并进行抗应激处理。注意鸽舍通风，坚持每天鸽舍内外消毒。加强鸽舍防护措施，防鼠、鸟、猫、蛇。

②注意青年鸽的换毛情况。春天留种的童鸽，先换主翼羽及翅膀上的小羽毛。此时应注意补钙，提高饲料中蛋白质水平，以保证青年鸽的营养需求。此时青年鸽的体质较弱，易发生疾病，因此要注意青年鸽的健康状况。

③11 月至翌年 2 月留种的青年鸽，一般先换绒羽，不换主翼羽；而 3—10 月留种的青年鸽一般都是先换主翼羽，一般换到第二根主翼羽时才开始换绒羽。11 月至翌年 2 月出壳的留种鸽一般在第一年换两次羽毛，对童鸽的身体健康有一定的影响。

④配对工作要特别细致，尤其是当雌雄鸽不配对，打斗得厉害时，雌鸽常常会被啄得头破血流，应及时分开打斗的成年鸽。

⑤成年鸽在配对时，体能消耗很大，尤其是雌鸽。这时可适当地增加维生素，提高饲料中的蛋白质比例。

知识拓展

1. 乳鸽的生理特点

刚出壳的乳鸽体重只有 18～22 g，身上只披着初生的羽毛，眼睛不能睁开，软弱无力，不能行走和自由采食，斜卧于亲鸽的腹下，只能靠亲鸽从嗉囊中吐出未消化的乳状食糜来生长。

(1)鸽乳与哺喂：鸽乳是指乳鸽刚孵出时取食的亲鸽嗉囊中分泌的含大量脂类的营养物质，由亲鸽嗉囊黏膜上皮细胞的分泌物与细胞碎片组成，外观上呈奶酪样、油性、乳白色、颗粒状或小块状。雌、雄亲鸽均可分泌鸽乳。鸽乳中具有大量母源抗体，免疫球蛋白 A(IgA)和免疫球蛋白 G(IgG)的含量很丰富，碱性磷酸酶、亮氨酸氨基肽酶、酸性磷酸酶、乳糖酶的活性很高。

出壳几小时至 4 日龄的乳鸽，亲鸽喂给比较稀的鸽乳；5～7 日龄，亲鸽喂给的鸽乳比较浓稠；7 日龄以后鸽乳分泌逐渐减少，亲鸽喂给乳鸽的食物中包

图 5-36 哺育乳鸽

含嗉囊分泌的鸽乳和亲鸽采食后在嗉囊中泡软的饲料，而且随着乳鸽日龄的增加，鸽乳比例逐渐减少，嗉囊中泡软的饲料反流物逐渐增加；到 25～28 日龄，亲鸽全部给乳鸽吐喂嗉囊中泡软的饲料反流物，并且亲鸽开始逐渐停止哺喂乳鸽(图 5-36)。这时乳鸽开始学啄颗粒饲料，1 月龄可以断乳独立生活。此期间乳鸽生长速度快，饲料转化率高，10～20 日龄食量最大，以后递减。

(2)乳鸽的生长发育：3～4 日龄，乳鸽眼睁开，开始长羽毛，学走动。亲鸽哺喂乳鸽每天达十几次之多，10 日龄左右可以慢步行走。待到 15 日龄时，羽毛已基本长齐，活动自如。20～25 日龄时，乳鸽已会在笼内四处活动，但此时仍不会自己啄食，依然靠亲鸽哺喂。此时已可上市出售。乳鸽阶段生长速度快，饲料转化率高(2∶1)。

(3)对温度的要求：乳鸽体温调节能力尚未完善，初孵化出壳的乳鸽，体温较成鸽的体温高 2～3 ℃，需待绒毛更换、飞羽长满之后体温才接近成鸽的正常值(41.8 ℃)，此时才能逐渐适应外界气温的变化。所以初生的乳鸽必须依赖亲鸽的体温来保温，而人工育雏时，乳鸽必须进行人工保温，才可免于冻死。

2. 青年鸽的生理特点

青年时期是鸽骨骼生长发育的主要阶段，消化器官发育显著，第二性征逐渐明显，新陈代谢相对加强，适应了坚实的籽实饲料，体形接近成鸽，身体壮实，能相互追逐、打斗、争食、争栖架，爱飞翔，性情活泼，食欲增加，生理及生长发育已进入旺盛期。鸽长到 6 月龄左右，大多已性成熟，主翼羽大部分更换到最后一根，这时应做好准备工作，以备转入产鸽饲养阶段。

思考总结

1. 肉鸽饲养管理的一般原则有哪些?
2. 留种鸽的饲养管理一般分哪几个阶段?
3. 配对期种鸽异常现象有哪些？如何处理?

4. 简述育雏期种鸽的饲养管理。

5. 乳鸽饲养到 20 日龄体重达不到 500 g，主要原因是什么？怎样解决？

任务 4　肉鸽的饲养管理

一、亲鸽哺育的饲养管理

非留种鸽的饲养管理与留种鸽的基本相同，不同是亲鸽要带 3～4 只乳鸽，不需要给乳鸽称重、套脚环、记录系谱档案。但一定要做好亲鸽的饲养护理和生产统计工作。另外，商品肉鸽的饲养管理还要注意以下几点。

1. 喂料

(1)全日给料，保持料槽不断料：优点是鸽子可以自由采食，幼小、体弱的鸽子也能吃到食，可节省人工；缺点是一次性加料太多，梅雨天气饲料容易霉变，食欲不佳。

(2)定时、定量投料：

①传统饲喂方式：优点是能保持鸽子良好的食欲，不挑食，采食均匀，摄入营养物质较平衡；缺点是费时、费工，工作量大，若采食时间不足，易造成弱小鸽。

②机械化饲喂方式：优点是省时、省工，用工少，喂料快，浪费少，易调节。大多数饲养者采用定时、定量方式投料，这样鸽子的食欲旺盛，通过鸽子蹦跳、争食，可促进其运动，这对笼养鸽尤为重要。根据实践经验，一般带仔鸽每日 4 餐，晚上补喂，也可每日 5 餐；非产蛋的生产鸽每日 2 餐或 3 餐。当鸽子表现出采食速度逐渐减慢、叼住粒粮甩抛等玩耍现象时，说明鸽子已经基本吃饱。对于笼养鸽，吃得过饱，运动太少，不利于生长发育和繁殖。

2. 饮水

采用整日供水，任其自由饮用。鸽子必须保证充足的清洁饮用水，其饮水量、饮水处的环境温度因不同的生理阶段而异，气温越高，饮水量越大；育雏期比非育雏期需水量大。一只鸽子的日需水量一般为 30～70 mL。另外，可根据需要定期喂给盐水、多种维生素水溶液及高锰酸钾水溶液。

(1)杯式饮水器：传统饮水设备。缺点是易污染，需每日清洗，清洗难度大。

(2)乳头杯式饮水器：创新饮水设备。优点是清洁用水，节省人力。

3. 饲喂保健砂

保健砂对鸽子来说，与饲料同等重要，一日也不可缺少。饲喂保健砂不仅要量足、质优，而且要科学使用。因此，每天早上喂料后，要检查保健砂杯，目的是①将保健砂刨松，且要混匀，使表层和深层成分一致；②补充一定量的新鲜保健砂；③更换那些被粪便污染或被水淋湿的保健砂。

除每天搅拌、补充或部分更换保健砂外，每周全部、彻底地更换保健砂 1～2 次，以保证鸽子随时能够采食到新鲜保健砂。

4. 适当洗澡

鸽子爱清洁，适当的洗浴非常必要。洗浴使鸽子羽毛保持清洁，防止寄生虫感染，还可以刺激新陈代谢，促进生长发育。

5. 补充人工光照

光照时间与鸽子繁殖、育雏有密切关系。因为，一定时间的光照可刺激性激素分泌，促进精子和卵子的成熟和排出；同时，利于亲鸽晚上采食和哺育仔鸽，据试验，亲鸽每天需要光照 16～17 h。补充光照的方法可采用白炽灯或日光灯，要求光线柔和，不宜过强或过弱。

6. 减少应激

鸽舍要保持安静，禁止闲杂人员来往，禁止在鸽舍内打闹嬉戏、大声喧哗和粗暴对待鸽子，这些行为都会使鸽子产生应激反应，造成抵抗力下降。在可预见应激反应产生前，如春节放鞭炮、防疫接种等，可提前补充多种维生素和抗应激药物。

7. 做好鸽群的观察工作

一看精神状态；二看采食、饮水情况；三看粪便形态、颜色是否正常。若发现鸽子呆立一旁，精神萎靡，羽毛蓬乱，无食欲和饮水欲，粪便异常，应立即隔离。

8. 做好日常卫生、消毒、防疫工作

鸽舍周围场地要经常打扫和定期消毒(可用生石灰),鸽场门口、鸽舍进出口要设置消毒池。工作人员的衣帽、鞋子最好专配,要有更衣室,内装紫外线灯。工作时,穿戴工作服、鞋和帽,下班时换上自己的衣服、鞋、帽。规范的消毒和更换程序可避免鸽场内的工作服、鞋和帽与个人的发生交叉感染。另外,鸽场工作人员不得饲养鸡等畜禽,以免交叉感染。鸽舍内在每次饲喂后都要清扫,并定期消毒,消毒可选用百毒杀溶液喷洒,喷洒时连鸽笼一起喷洒,但决不能喷到鸽蛋上。发现料槽、水槽被粪便污染时,应立即清洗,并且每周消毒一次(选用高锰酸钾溶液或百毒杀溶液),每 3~7 d 清除 1 次粪便,饮水器每天清洁一次,巢盘中的草窝脏了应更换,乳鸽下巢后应更换新的巢窝。

发现病死鸽子及时检查病情,在无专业人员和设备的条件下,严禁解剖,应实行无害化处理(焚烧或深埋),以免疫情扩散。

定期驱除体内外寄生虫。

9. 建立健全各种登记、统计制度

各种登记、统计数据能够反映鸽子的生产情况,及时发现存在的问题,从而指导生产和改善经营管理。需要登记、统计的项目有:乳鸽的成活率、合格率、病残率和死亡率;亲鸽的产蛋数、破蛋数量,鸽蛋的受精、无精、死胚数量;孵化出雏、死雏等的日期和数量。此外,还有每日饲料消耗、饲料和保健砂配方,以及防治疾病药物消耗情况等(表 5-4)。

二、人工哺育的饲养管理

在目前条件下,0 日龄育肥还存在技术上的难题,孵化机孵化出的雏鸽仍要被放回亲鸽处哺育。前几年,在广东的一些地区流行 0 日龄育肥,但由于人工鸽乳的营养跟不上,特别是母源抗体的研究还不深入,而且雏鸽所需的环境条件(如温度和空气质量等)在育肥场难以保证,致使雏鸽抗病力弱,易感染细菌和病毒,致使鸽群发病、残弱和死亡。所以,建议尽量推迟育肥日龄,一般选择在 5~7 日龄。但随着现在人工成本和饲料成本的快速上升,人工育肥已没有成本优势,且人工育肥鸽在市场上的售价比非育肥鸽低。因此,现在人工育肥乳鸽已有所减少。

表 5-4 鸽场种鸽动态统计表

棚号________ 品种(系)________ 世代_____ 饲养员________ _____ 年

项目	现存栏/对	淘汰数/羽	死亡数/羽	产蛋数/枚	无精蛋/枚	死精蛋/枚	破蛋数/枚	弃蛋数/窝	出仔数/羽	乳鸽总数/羽	乳鸽死亡数/羽	乳鸽出栏数/羽	耗料量/kg	备注
合计														

在一些养殖场，如有特别需求（如出口需求或对优质大乳鸽的需求）时仍进行人工育肥，育肥时乳鸽的一般为16～20日龄，育肥时间为5～10 d。

育肥工具有育肥笼和灌喂机。

（1）育肥笼：笼脚高80 cm，每个笼长3 m、宽60 cm、高20 cm，可分成6格，每格可饲养乳鸽10～12只（夏天宜少放，冬天可多放）。

（2）灌喂机：可采购成品机器。灌喂时先将饲料按约1∶3的比例兑水，浸泡0.5～1 h，每天灌喂2～3次。每次灌喂完后，立即对器具进行清洗和消毒。

人工育肥乳鸽在19日龄增重最快，接着增重减慢，随后几天增重又加快，在育肥后期增重缓慢。其中的原因可能是，乳鸽在灌喂的前几天逐渐适应灌料，适应之后达到高峰，育肥后期增重缓慢可能是长羽需要和维持体重需要。因此，为使乳鸽尽早适应灌料，可以添加酵母粉等药物，以促进乳鸽的消化。随着日龄增加，特别是在育肥后期，乳鸽的料肉比已接近10∶1，乳鸽的增重已经变得缓慢，饲料利用率大大降低。因此，应尽早安排乳鸽上市，即在育肥第10天后就开始上市，在育肥第12～13天上市完成，以节约饲料、降低成本。

注意事项

1. 乳鸽人工哺喂时要注意的问题

①鸽育肥料通常是依据配方将粉碎为面样的各种原料配合在一起，人工哺喂乳鸽时，应将其用沸水调制成糊状，一般以料、水比为1∶(2～3)来调制。

②哺喂乳鸽用注射器接胶管经食道注入乳鸽嗉囊内，每天喂2次。喂料时操作要小心，避免将饲料注入乳鸽气管内。

③人工哺喂的乳鸽饲养密度不能太大，否则容易相互挤压造成伤残，并要保持环境的安静和干燥。

④人工哺喂的乳鸽无亲鸽体温保护，容易受冻致死，尤其是冬天千万要注意。

2. 产鸽不肯哺育的原因及其处理措施

（1）亲鸽或乳鸽有病：乳鸽有病时亲鸽少喂或不肯喂仔，应补喂营养丰富的饲料，及时医治好乳鸽。

（2）亲鸽饥饿：应保证饲料质量和数量，特别是哺育乳鸽阶段。

（3）亲鸽哺喂性能差或同窝死仔1只：对哺喂性差的亲鸽需人工补喂乳鸽，

满足乳鸽营养需要。对死仔的亲鸽，观察 1～2 d 有异常情况时将剩余一只并给其他鸽代喂。

(4)保健砂质量差或不足：调整配方，平时按需要量添加，满足鸽的需要。配好的保健砂放于阴凉干燥的地方，保持新鲜干燥。

知识拓展

提高商品肉鸽生产力的措施如下。

1. 提高产蛋率

一只生产性能好的雌鸽，可年产蛋 8～10 对。

2. 提高受精率

蛋的受精率高低，既与种鸽有关，也与外界因素有关。因此，必须根据鸽场具体情况，找出影响受精率的原因。可采取下列针对性措施：淘汰过老、性欲衰退和长期瘦弱的种鸽；注意创造适宜的配种环境和条件，避免配种时受其他雄鸽的冲击和干扰，单笼饲养的鸽生产力一般比小群(30～40 对)舍内饲养的高，主要原因是配种时不受干扰。若是小群舍内饲养，则鸽笼门前的跳板应适当宽些，以利于配种；喂给足量全价饲料，有必要时补充维生素 E 和火麻仁；雌鸽有输卵管炎时(常就巢假产蛋及排出炎性分泌物质等)会影响精子的活力；雄、雌鸽配对后长期产无精蛋而又年轻健壮者，可进行分离并重新组合配偶，这样做有时可提高其受精率；初产鸽的第 1、2 对蛋的受精率一般较低，即使受精，其孵出的小雏也比较弱，不宜作为种用；长期阴雨天气可影响受精率；光照和运动是影响受精率的重要外因，尤其是单栏笼养鸽，在鸽舍建筑时要考虑到光照和运动，每对有 40 cm×50 cm 面积的小运动场为宜。

3. 提高孵化率

影响孵化率的因素有内因和外因。内因如蛋中缺胚胎发育的某些必需物质(如维生素 A、维生素 D 等)，即使蛋已受精，也会使胚胎发育不良，甚至出现死胚。外因如病原微生物侵入蛋内，或种蛋受冻、蛋壳破裂等也会造成死胚或弱雏。

寒冷季节应注意鸽舍保暖，防止贼风进入，勿使种蛋受冻，蛋盘应有保温设施，可用麻袋布料作为垫料。蛋盘及其周围要保持清洁干净，蛋壳不要污染鸽粪，污染时要小心清除。孵化时要有安静的环境，不让邻鸽干扰。孵化 10 d 左右应该第 2 次照蛋，主要是检查是否死胎，死胎应及时清除，并且采取并蛋孵化，让提前终止孵化的鸽能及时早产蛋。孵蛋 18 d 时，若有因胚弱而破壳困难者，应人工帮助破壳，但不要一次剥壳过多，以免撕裂血管而造成出血，以逐步多次帮助破壳为宜。

4. 提高乳鸽成活率

乳鸽体质幼弱，抗病力差，而且依赖亲鸽哺育。初生幼雏需亲鸽保温。管理不善、饲料不宜、亲鸽有病，都会影响乳鸽的生长发育，甚至导致死亡。要提高成活率，务必做好下列几项工作：初生幼雏未长羽毛，寒冷季节要注意鸽舍防风保暖，以免受凉生病；春季与夏季多雨季节，注意保持鸽舍干燥，特别是巢盘垫料切勿潮湿，否则微生物（尤其真菌）易于繁殖而导致疾病的发生；炎热盛夏，注意鸽舍通风散热，以免中暑。

初生幼雏体弱，常需亲鸽育保护，此阶段切勿让邻鸽干扰，否则亲鸽易将幼雏抓伤踏死。这种情况在铁丝笼养鸽中较常见。

育雏的巢盘、垫料必须保持干燥且每天清除其中粪便；若有鸽螨、鸽虱和鸽蝇幼虫滋生于巢盘及其周围时，更要及时灭虫。

8～24 日龄的乳鸽，生长发育最快，此阶段务必保证饲料的质和量，减少或去掉有壳谷料，增加绿豆和去壳小麦，并且要整天供应饲料、保健砂和清洁的饮水，晚上亮灯喂料喂水 1 次，好让亲鸽尽量喂饱乳鸽。有条件最好增喂一些青料，可帮助消化，加速发育，增强抗病力。

做好防病治病工作。应采取“预防为主，防治结合”的方针，着重做好平时的防治工作，即经常检查饲料和饮水情况，不得使用陈旧变质饲料，饲料和饮水不让粪便污染。

5. 做好生产记录

在养鸽生产过程中，做好各种记录对反映生产、指导生产、改善经营管理等有很大的意义。记录表格可根据需要自行设计。

思考总结

1. 亲鸽哺育的饲养管理要点有哪些？

2. 人工哺育的饲养管理工作应注意什么？

项目六

鸽常见疾病及其防治

鸽的疾病一般可分为普通病、传染病和寄生虫病这三大类。在养殖生产中，应树立“防重于治”的思想，重视预防。鸽病是养鸽业最大的敌人，养鸽的经济效益好坏很大程度上取决于鸽病综合防治的效果。随着集约化养鸽业的发展，鸽病预防更为重要，如果疏于防范，往往会使整群乃至整个鸽场毁于一旦，造成巨大的经济损失。在养鸽生产中应采取切实可行的防治措施，尽可能杜绝鸽子疾病的发生，确保养鸽业的健康发展，保证养鸽生产者的经济效益。

任务 1　鸽常见普通病及其防治

鸽子常见普通病一般分为呼吸道疾病和消化道疾病，下面分别对鸽子常见的呼吸道疾病和消化道疾病的病因、临床症状以及防治方法进行介绍。鸽子常见消化道疾病主要有鸽软嗉病、鸽硬嗉病、肉鸽胃肠炎、大肠杆菌病。鸽子常见呼吸道疾病主要有感冒、肉鸽喉气管炎等。

一、鸽软嗉病

（一）病因

鸽软嗉病又称嗉囊酸酵病或嗉囊卡他，常因鸽吃了发霉或腐败变质的饲料或饮了污水，在嗉囊内发酵、产酸、产气，进而刺激嗉囊黏膜而引起。也可由胃肠炎、毛滴虫病、念珠菌病继发引起。

（二）临床症状

病鸽食欲降低或拒食，精神沉郁，常呕吐，呕吐物和口气的气味酸臭，唾液黏稠。嗉囊膨大，触之柔软而有弹性，有波动感，挤压时，口腔中流出黄色酸臭黏液，并混有气泡。不及时治疗常引起鸽体中毒，严重时嗉囊溃烂而死亡。

（三）防治

平时不喂变质饲料和污秽饮水。可将病鸽倒提，轻轻挤压嗉囊，使酸臭液体经口排出，再灌入0.2%的高锰酸钾溶液或1.5%的碳酸氢钠溶液，灌至嗉囊膨大时，揉捏嗉囊1～2 min，再倒提排出药液，然后服土霉素半片(12.5万IU)，酵母片2片。每天2次，连用3 d。

二、鸽硬嗉病

（一）病因

鸽硬嗉病是指鸽嗉囊阻塞或秘结，各年龄鸽都会发生此病，尤以幼鸽多发。主要由鸽吃了大量羽毛、干硬难消化饲料或大块坚硬食物等引起。

（二）临床症状

病鸽表现为嗉囊膨大，内部充满食物，触之有坚实感；病鸽食欲减少。

（三）防治

在预防上应注意饲料质量，不喂干硬难消化饲料。治疗上可采用以下方法。

1. 软化泻下法

灌喂或嗉囊内注射花生油或白蜡油2～10 mL，然后从上到下轻轻按摩嗉囊，使积食软化。

2. 水洗法

用注射器将温开水注入嗉囊中，使鸽的头朝下，轻轻按摩嗉囊，使积食和水从口中排出。必要时可手术切开嗉囊，将其中坚硬食物取出。

三、肉鸽胃肠炎

（一）病因

由饮用不清洁水、寄生虫、霉菌、细菌及肠道病毒等原因引起。

（二）临床症状

患肉鸽肠胃炎的病鸽主要表现为羽毛松乱，食欲不振，病鸽排白色、绿色、褐色稀薄如水的粪便，病鸽体质虚弱，口渴。严重时腹泻，粪便带血。

（三）防治

对患肠胃炎的病鸽，要停喂玉米、豌豆类硬食，最好将小麦用开水浸泡后再喂，以助消化。

①给肉鸽服用磺胺脒片，每只每次用量为1/8～1/4片，日服4次。

②内服花生油或豆油3～5 mL，清肠，并喂给易消化的食物。

③将庆大霉素或环丙沙星溶于饮水中给鸽服用。

④磺胺脒半片(0.25 g)，每天2次，连服2～3 d。

⑤金银花煎水并放入适量红糖灌服，每天2次，每次5 mL。

⑥对粪中带血的肉鸽，用仙鹤草煎水，日服2次，每次5 mL。

四、大肠杆菌病

（一）病因

大肠杆菌病是由各种血清型大肠杆菌引起的疾病的总称，通过飞尘以及啮齿类排泄物传播，还可感染鸽蛋，导致整个鸽舍传染此病。各种年龄的鸽均易发生本病。主要经呼吸道及消化道感染，也可通过种蛋垂直传递给乳鸽。幼鸽发病时往往会造成死亡，而成鸽的抵抗力较强。

（二）临床症状

临床表现为鸽子无精打采和消瘦，出现腹泻症状，粪便绿黄色，伴有恶臭味。潜伏期数小时至数天不等。一般病鸽表现精神不振，不爱活动与飞行，多呆立于一角，羽毛松乱，两翅下垂。由于感染部位不同，其临床症状也不同，因而分为以下各型。

1. 急性败血型

本型往往没有特征性症状，一般病鸽表现精神不振、羽毛蓬松逆立，食欲减退或废绝，下痢、消瘦，排出白色或黄绿色稀粪，打喷嚏，鼻流涕，眼流泪，呼吸困难，咳嗽。幼鸽多突然死亡，一般于发病后 2～4 d 死亡。

2. 气囊炎型

本型多由败血型转变而来。病鸽发生气管炎与肺炎，常见精神沉郁，呼吸困难，张口伸颈呼吸，咳嗽，有湿性啰音，食欲减退或废绝，伴有腹泻，腹腔积液，并常引起卵巢及输卵管发炎，使卵巢变形，卵泡不能正常进入输卵管，而是进入腹腔，形成大肚子，病程长者可持续数月不等。

3. 肠炎型

病鸽除出现败血型的一般全身症状外，主要出现腹泻，呈黄绿色水样稀便，极度消瘦，腹水，最后衰竭死亡。

4. 脐炎型

多为大肠杆菌污染的种蛋或在孵化过程中被污染的种蛋孵化出的乳鸽。乳鸽出壳后缺乏活力，卵黄吸收及脐带收缩不良，脐带发炎、湿润、发红、肿胀，脐孔闭合不良或不闭合，周围皮肤紫褐色，很少接受或不接受亲鸽哺喂，下痢，多在出壳后 2～3 d 死亡，不死的雏鸽生长缓慢，大肚子。

有的病鸽发生关节炎性变化，如关节肿大、疼痛、跛行或飞行困难；有的病鸽出现以上混合症状。

（三）防治

预防本病主要是搞好鸽场环境卫生，定期消毒，加强饲养管理，减少应激因素对鸽的影响。还可以接种多价苗或由发病地区分离的大肠杆菌制成的疫苗（最好是灭活苗）。大肠杆菌对很多药物均敏感，但也容易产生抗药性，因此在用药上，各类药应交错使用，有条件时应进行药物敏感性试验。

保持鸽舍的环境卫生清洁，远离啮齿类动物。

五、感冒

（一）病因

本病易流行于春秋季节，多由气候原因引起，再加上鸽舍通风不良或饲养密度过高，不能及时清扫鸽舍，环境太差等，使鸽更易患病。

（二）临床症状

病鸽精神不振、食欲减退，流脓性、黄色鼻涕，单眼流泪，眼睑肿胀且有脓性分泌物（图 6-1、图 6-2）。本病易流行于春秋季节，常见于幼鸽，尤其在气候干燥、风沙较大的地区。

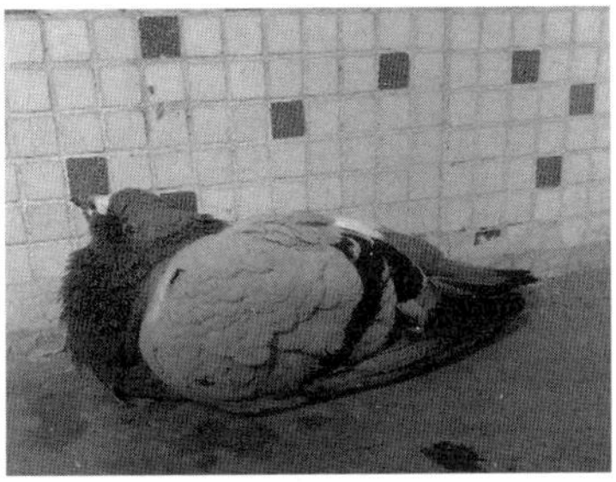

图 6-1　患感冒的鸽子

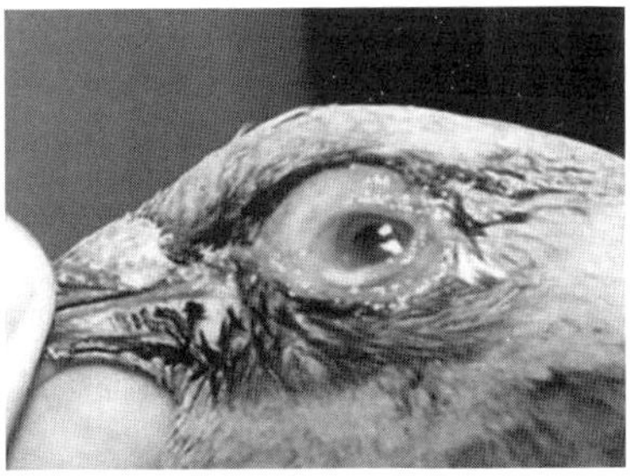

图 6-2　鸽子眼部分泌物（感冒）

（三）防治

①三两把绿豆，黄芩等量，几片生姜，开水冲泡，凉后滤汁，连用 2～3 d。

②给鸽口服连翘解毒片或复方阿司匹林，每日 2 次，连用 3 d。

六、肉鸽喉气管炎

（一）病因

本病是由天气变化继发发病或有害气体（如 NH_3、H_2S 等）侵害引致。

（二）临床症状

病鸽表现食欲不振、缩头呆立、不愿飞翔、咳嗽、流鼻涕、呼吸有啰音、伸颈张口吸气、喉头充血或溃烂等症状，如蔓延到肺部，可致病情加重。

（三）防治

肉鸽舍要保持卫生良好，并注意通风换气，避免有害气体侵害；阴雨多变天气，注意防寒保暖。治疗方案一般采取每只病鸽内服牛黄消炎片或土霉素半片，每日 2 次，连用 3～5 d。

知识拓展

养鸽过程中易发生食盐中毒现象，其临床症状及防治方法如下。

(1)病因：食盐中毒的直接原因是鸽过量采食食盐。食盐对鸽的致死量为每千克体重 3.3 g。由于肉鸽日粮中的含盐量较低，因而通常应在保健砂中加以补充，通常添加量为 2%～5%；食盐配比过高，或者食盐没有充分混匀，就会产生中毒。

(2)临床症状：轻微的中毒表现出饮水增多，粪便稀薄或混有稀水。严重中毒时，病鸽精神萎靡，食欲废绝，渴欲强烈，无休止饮水，嗉囊胀大，常下痢，双腿无力，后期呈昏迷状态，有时出现神经症状，终因衰竭而死亡。

(3)防治：预防食盐中毒在于严格控制饲料和保健砂中食盐添加量，并且充分混匀，经常供给充足的清洁饮水。

此病目前尚无特效药物可治疗，轻度或中度中毒的，供给充足的新鲜饮水，症状可逐渐好转。严重中毒的要适当控制饮水，饮水太多会促使食盐吸收扩散，使症状加剧，死亡增多。服 3%～5%的红糖水可以帮助缓慢吸收扩散。

思考总结

1. 鸽子常见的疾病都有哪些？
2. 鸽子常见的疾病预防措施分别是什么？

任务 2　鸽常见传染病及其防治

一、鸽新城疫

鸽新城疫又称鸽Ⅰ型副黏病毒病。本病是由鸽Ⅰ型副黏病毒引起的一种急性、败血性传染病，以腹泻和脑脊髓炎为特征。本病传播迅速，死亡率高，一般可达到 20%～80%，对养鸽业的危害极大。

(一)病原

本病原对外界环境抵抗力不强,对阳光很敏感,经紫外线照射或在 100 ℃条件下 1 min、55 ℃下 180 min 可全部被灭。但较耐低温,在－20 ℃中可存活 10 年以上,pH 2～10 时感染性能够保留数小时。许多杀病毒的化学药品均能很快使其失去感染性。

(二)临床特点

图 6-3 新城疫

病鸽精神萎靡,翅膀下垂,羽毛蓬松,食欲减少,渴欲增加,嗉囊空虚,口角流出多量黏液;体温升高,呼吸困难,排青绿色或黄绿色稀粪;常出现腿麻痹、共济失调、头颈扭转、头向一侧歪斜、颈部脊柱向后弯曲、肌肉震颤等神经症状(图 6-3),最后衰竭而死。潜伏期较长,由 6～14 d 至 3～4 周不等,甚至长达 6 周或更长。患鸽中有 10%～20%甚至 50%以上可出现上述神经症状。

该病毒毒力强,发病率高,所有品种、年龄、性别的鸽都容易被感染。传染方式是通过直接接触病鸽,或是间接接触被病鸽污染的饲料、饮水、场地、各种工具等,其中乳鸽最容易感染。本病发病没有明显的季节性,一年四季均可发生,冬春季节多发。此外,买卖、运输、乱屠宰病死鸽也是造成本病流行的重要原因。本病有时呈突然暴发性流行,造成鸽群大批、迅速死亡;有时则缓慢发生,使鸽不断地出现零星死亡。如有其他疾病合并发生,则死亡损失就会增加。饲养肉鸽户外运动少,饲养密集,空气不新鲜,其发病率比信鸽高。

(三)防治

1. 加强卫生管理,防止病原体侵入鸽群

禁止从污染地区引进种鸽和雏鸽,也不要从这些地区购买饲料、设备等;禁止无关人员进入鸽场,并防止飞鸟和其他野生动物侵入。在饲养管理上,应实行全进全出的饲养管理制度,以防病体接力传染,还应定期带鸽消毒。

2. 定期预防接种,增强鸽群的免疫力

免疫接种是控制鸽新城疫主要的预防方法,一般在乳鸽和种鸽进行。乳鸽在 5 日龄可用鸽新城疫灭活油乳疫苗接种,每只颈部皮下注射 0.5 mL,隔 4 周再进行第 2 次接种,其保护率可达 90%以上,以后每隔 3~4 月接种 1 次。

给鸽注射疫苗要有两个人合作。一个人将鸽提住,使之不能挣扎,另一个人进行接种。提鸽时应轻握两翅,并将两腿拉向后。准备接种时,最好轻轻提住鸽的头部并把头向前拉,使颈伸直,以便易于提起颈部皮肤。注射部位应在颈部或稍低处。用拇指及食指捏住颈中线的皮肤向上提起成一个"囊",如图 6-4 所示。一定要捏住皮肤,而不能仅抓住羽毛,自头部向体部方向把针头插入皮肤壁层之下。要确保针头穿透过皮肤,检查针头位置,轻轻摇动皮下的针头,如果针头插得太深,就会损伤颈肌并可能出事故。要保证针头不会从另一面穿透皮肤。注意羽毛上是否有油剂。每只鸽应在皮下注射 0.5 mL 的疫苗。注射完毕,拔出针头时其方向应与进针时相同。针头完全拔出之前,别让鸽子挣脱。

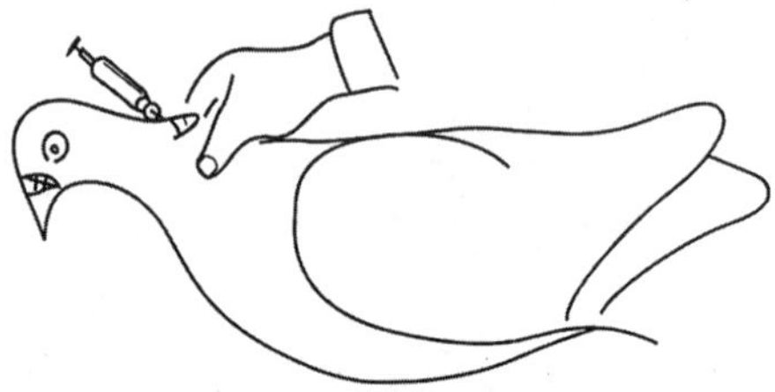

图 6-4　注射部位示意

鸽群发病后,可用鸽新城疫灭活油乳疫苗紧急接种,每只 0.5 mL。由于油乳疫苗产生抗体较慢,而活疫苗产生抗体较快,因此可同时应用鸡新城疫 IN 系疫苗,以 2~3 倍量饮水免疫。

二、鸽痘

鸽痘是由鸽痘病毒引起的一种接触性传染病。本病传播缓慢,以体表无羽毛部位形成散在的、结节状的增生性痘疹为特征,也可表现为呼吸道、口腔和食管部黏膜形成纤维素性坏死性假膜。本病对鸽子有严重的危害,尤其是乳鸽对本病特别敏感。严重的地方发病率达 80%,死亡率可达 10%左右。

(一)病原

病毒大量存在于病鸽的皮肤和黏膜病灶中,对外界自然因素的抵抗力较强,上皮细胞屑片和痘结节中的病毒可抗干燥数年之久,阳光照射数周仍可保持活力,-15 ℃下保存多年仍有致病性。病毒对乙醚有抵抗力,在 1%的甲酚或 1∶1 000 福尔马林中可存活 10 d,1%氢氧化钾溶液可使其灭活,50 ℃加热

30 min，或 60 ℃加热 8 min 被灭活。

（二）临床特点

本病自然发病的潜伏期为 4～14 d，根据病鸽的症状和病变不同，可将鸽痘分为皮肤型、黏膜型和混合型 3 个主要类型，偶有败血型。

（1）皮肤型：在鸽体无毛或毛稀少的部位，特别是在眼睑、嘴裂、鼻瘤、泄殖腔、腿部、腹部等处，产生灰白色小结节，逐渐变为红色的小丘疹，很快增大成如绿豆大痘疹，呈黄色或灰黄色，有时和邻近的痘疹相互融合，形成干燥、粗糙、呈棕褐色的大型疣状结节，突出皮肤表面（图 6-5）。痂皮可存留 3～4 周，以后逐渐脱落，形成灰白色疤痕。病鸽表现为精神不振，羽毛松乱，重症者食欲下降或废绝，闭眼呆立，行走困难，反应迟钝，呼吸困难，可在 1 周内死亡。未死的可慢慢康复，病程 3～4 周，但生长、发育受阻。

图 6-5 鸽痘

（2）黏膜型：又称白喉型。本型鸽痘的主要病变部位在病鸽的喙部、口腔和喉（咽）部的黏膜上。

（3）混合型：皮肤型鸽痘和黏膜型鸽痘同时发生，病情严重，死亡率高。根据病鸽病状特征，结合流行特点，即可对本病做出初步诊断。要确诊，必须在实验室中，以病鸽的病料处理后接种健康鸽，出现同样症状；或使用荧光抗体等特异性免疫方法进行诊断。

（4）败血型：在发病鸽群中，个别鸽无明显的痘疹，只表现为下痢、消瘦、精神沉郁，逐渐衰竭而死亡。

（三）防治

本病各个品种和日龄的鸽均可发生，但以雏鸽和童鸽发病较多，成鸽发生较少。此病不受季节影响，一年四季均可发生，秋、冬两季最易流行，一般在秋季和冬初发生皮肤型鸽痘较多，在冬季则以黏膜型鸽痘为多。病鸽脱落和破溃的痘痂是散布病毒的主要形式。本病主要经皮肤或黏膜的伤口感染，蚊虫是重要的传播媒介，蚊虫吸吮过病灶部的血液之后即带毒，带毒的时间可长达10～30 d，其间易感鸽经带毒的蚊虫刺吮而感染；含有鸽痘病毒的唾液、鼻分泌物和泪液，甚至灰尘、饲料或饮水均可传病毒；鸽子互相接吻，打架、啄毛、交配等造成外伤，也可传染本病。鸽群过分拥挤、通风不良、鸽舍阴暗潮湿、体外寄生虫、营养不良等均可促进本病的发生。

1. 预防

平时注意改善环境条件，定期消毒，加强饲养管理，清除积水，消灭蚊子，经常清除鸽舍周围的杂草及小水坑，并对鸽舍内外阴沟及角落喷洒灭蚊蝇药，以清除蚊子等传播鸽痘病毒的媒介昆虫。及时隔离病鸽，焚烧患鸽的痘痂和死鸽。

预防本病最可靠的办法是接种疫苗。一般宜在春末流行季节前，用鸽痘弱毒苗接种。通常接种乳鸽和童鸽，1日龄的乳鸽就可开始接种，且无任何不良反应。接种后10～14 d便可产生较强的免疫力，经9个月仍能抵御强毒的攻击。

接种方法有毛囊法和翼膜刺种法。

(1)毛囊法：在鸽腿部外侧拔除5～6根毛，然后用小毛刷蘸取经1∶10稀释的疫苗液涂擦。

(2)翼膜刺种法：两人操作，一人提鸽、张开翅膀，拔去翼膜上羽毛，一人拿注射器，按要求加入生理盐水或冷开水把疫苗稀释。稀释后抽入注射器内，接上5号针头，先滴1～2滴疫苗液于翼内侧无血管处，再用针头连刺2～3次即可。乳鸽不宜接种在鼻瘤上，以免鼻上有刺损而在采食亲鸽嗉囊乳时感染病菌；其他鸽可接种在鸽的鼻瘤上。

接种时最好先少量试种，若试种后，鸽出现剧烈的全身感染，应停止使用。接种7～10 d后，检查刺种部位是否出现痘疹和结痂，有反应者表明接种成功，但反应不宜太大，以针头大小为好。如无反应，应再重复接种一次。接种后可使80%以上的鸽不发此病。此法安全、高效、简便易行，越早应用越好，在发病季节最好出壳当天接种，以后每5～7 d定期接种1次。

2. 治疗

本病没有特效药物。如出现病鸽时，在初期可用疫苗紧急接种，予以控制。同时采取以下措施。

(1)皮肤型：用镊子或剪刀剥去痘痂，用2%～4%的硼酸水洗涤，再涂上碘酊或紫药水，未干枯的痘可进行烧烙。

(2)黏膜型：小心除去病鸽喉部的伪膜(沉积物)后，再用稀碘液清洗患部；口腔病变处涂碘甘油；皮肤患部涂碘酊或鱼石脂软膏均可。对眼结膜炎引起的肿胀，可将蓄积的干酪样物挤出，再用2%硼酸溶液冲洗，并涂上金霉素眼膏，或滴入氯霉素眼药水，每天1次，连用7天，一般都能康复。

(3)中药治疗：

方一：金银花、连翘、紫草各6 g，当归、黄芪各10 g，白芍药、牛蒡子、僵蚕各3 g，甘草2 g。适用于黏膜型鸽痘，以解毒、助气、催浆为主。

方二：当归、黄芪各12 g，金银花、紫草各6 g，赤芍药5 g，甘草3 g。适用于混合型鸽痘，以补气、养血、解毒为主。

方三：龙眼根、僵蚕各3 g，牛蒡子、甘草、赤芍药、葛根各6 g。适用于皮肤型鸽痘，以解表、透毒邪为主。

方四：金银花、板蓝根、大青叶各20 g，煎汤去渣，饮服或喂服，每次每只3 mL。

方二、方三、方四的用量均以100只幼鸽计算，煎水、拌料，群体投服。

三、鸽腺病毒感染

(一)病原

鸽腺病毒感染亦称鸽腺病毒病。潜伏期较短，为24～48 h。世界各地都有发生。

(二)临床特点

该病可在各种日龄的鸽中发生，且不分季节，症状表现轻微，即使病鸽感染后1～2 d全部死去，症状也不明显，或仅有呕吐、排黄色稀粪而已。但肝的肉眼病变明显：肿大、变黄、苍白，带红色光泽。肝及骨骼肌或可见出血斑点。

(三)防治

本病可通过种蛋垂直传递，也可通过直接或间接接触(如接触饲料、饮水、粪便及其他污染物)而水平传播。发病率约30%，但也可高达100%。

本病目前既无特效药可治疗，也无现成疫苗可预防。如鸽群发生本病，可用患鸽的脏器制成组织灭活苗进行紧急接种，或试用病毒灵（吗啉胍）、病毒唑（利巴韦林）及多种维生素，再结合投抗菌药预防伴发病。此外，场内外环境、用具均应做反复、彻底的消毒。

四、鸽副伤寒

鸽副伤寒是指除鸡白痢和禽伤寒以外，由其他沙门氏菌所引起的疾病的总称。各种鸽均能感染，主要发生在幼龄鸽，可造成大批死亡，在成年鸽则为慢性或隐性感染，以下痢、关节炎、神经系统功能失调为特征。主要以1岁以下的鸽为危害对象，也可在成年鸽中发生，并常呈急性经过，是鸽常见的、多发的重大细菌性疾病。鸽副伤寒可单独出现，也可与其他疾病伴发。病愈鸽的生长发育受阻，更严重的是常成为长期带菌者，不时向外排菌，散布病原，使此病连绵不断，难以彻底消灭。

（一）病原

鸽副伤寒沙门氏菌群在自然条件下容易生存和繁殖，是本病易于传播和流行的一个重要因素。对热及常用消毒药物敏感，加热60 ℃、5 min即死亡，一般消毒药物对其都有效。在干燥粪便中能较长时间存活，在垫料、饲料中可存活数月至数年。可经蛋（卵黄及蛋壳）传给后代，也可经生殖道、呼吸道、眼结膜、损伤的皮肤及消化道传播。场内人员、用具、禽鸟及其他动物也可成为传播媒介。饲养或野生的动物如猫、鼠，既是普遍的带菌者，又是重要的传染来源。

（二）临床特点

病鸽体温升高达42.5～43.5 ℃，羽毛松乱，尾羽下垂拖地，缩颈呆钝，倦怠嗜睡，鼻瘤污浊，呼吸困难，食欲降低，排绿色水样粪便，粪便中常有泡沫，肛门周围的羽毛常污染稀粪。侵害关节者，可引起关节红肿疼痛。当前肢关节受害时，患鸽翅膀下垂。当踝关节被侵害时，患鸽表现跛行，独立一隅，不愿移动，常将患腿提起以解除负重，有时病鸽呈独脚跳跃或短步急行。少数病例可出现神经症状，病鸽脚趾痉挛，步态蹒跚，头颈扭转或头向后仰，做圆圈运动；有时病鸽颤抖，倒地抽搐，呈阵发性发作。

病鸽虽经治疗可治愈，但时间较长，会成为永久带菌者。各个日龄的鸽均可感染，但以幼龄鸽最易感染；成年鸽可呈隐性感染而成为无症状的带菌者，并通过粪便间歇地向外排菌而危害全场的鸽群。带菌的雌鸽若卵巢和输卵管内有病菌繁殖，病菌可从生殖道直接进入种蛋中，引起危害。带菌或患病的亲鸽，通过哺喂鸽乳或饲料而把病菌传给乳鸽，通过污染的饲料和饮水以及亲吻也可传播本病。本病也可以通过鼠类、蚊虫、苍蝇而传播。常与鸽Ⅰ型副黏病毒病、毛滴虫病、败血支原体病合并发生，以致造成更为严重的损失。

（三）防治

1. 预防

应着重加强饲养管理，严格执行隔离检疫和消毒制度，做好鸽场的环境消毒工作；不要从有本病的鸽场引入种鸽。必须引进时，应隔离观察 2 周以上；鸽群最好不与家禽混养，也不能相邻饲养，以免引起其他疾病。患过本病的雏鸽，不能留作种用，以防经鸽蛋传播。

2. 治疗

发现病鸽要立即隔离，全场消毒。一般可用 20％新鲜石灰乳消毒地板、鸽舍等，每天 1 次，至疫情停息再做 1 次全面大消毒，用 1∶400 抗毒威或其他常用消毒药物均可。不让病鸽粪便污染饲料、饮水和保健砂。药物治疗可减少死亡，控制疾病的发展和传播，但不能消除鸽体内的病原菌。

五、鸽曲霉菌病

鸽曲霉菌病是常见的一种真菌病。本病的特征是呼吸道发生炎症和形成小结节，故又称为霉菌性肺炎。本病主要发生于幼鸽，呈急性暴发，发病率和死亡率都较高。

（一）病原

本病的主要病原是烟曲霉和黄曲霉，此外，黑曲霉、赭曲霉、土曲霉、灰绿曲霉等也有不同程度的致病性。曲霉菌对营养要求不严格，在组织及培养基中能产生毒素，这种毒素具有血液毒、神经毒和组织毒。

（二）临床特点

幼鸽开始减食或不食，嗜睡，头颈伸直，张口呼吸，不断打喷嚏，眼、鼻流液，吞咽困难,消瘦,上腭处有黄色豌豆大结节,常会造成食道、气管阻塞,导致窒息死亡。

曲霉菌及其产生的孢子在自然界中分布广泛,鸽通常是因接触发霉的饲料、垫料、用具而感染。幼鸽的易感性最高,常为群发性和呈急性经过。污染的垫草、木屑、空气、饲料是引起本病流行的传染媒介,幼鸽通过呼吸道和消化道而感染发病,也可通过外伤感染而引起全身发病。卫生条件差、饲养管理不良是引起本病暴发的主要诱因。

(三)防治

1. 预防

主要措施是加强饲养管理,及时清除鸽的发霉垫草,不喂发霉变质的饲料,保持鸽舍干燥清洁和空气流通,避免饮水污染。购买饲料时要随用随购,不宜久藏,保持清新可口;饲料堆放的地方要求通风和干燥;避免进料过多、存放时间过长或被雨水淋湿。对鸽舍及用具等经常定期清洗消毒,并保持环境清洁卫生;有本病的鸽场更要每天清洁消毒饮水器和料槽,以消灭病原体,防止本病的扩散,尤其在雨季更应重视。

如已发生本病,除进行全疗程药物治疗外,还应每天进行鸽舍、环境、用具的消毒。病死鸽及其污染物均应小心集中,统一做无害化处理。治愈以后的一段时间内,结合具体情况,进行适时的预防性投药。

2. 治疗

本病的治疗可选以下药物:①1∶1 500的碘溶液饮水,方法是将5%的碘酒2 mL加入1 480 mL水。②以1∶2 000比例在饮水中添加硫酸铜饮服,以防本病蔓延。

六、支原体病

(一)病原

本病由支原体引起,又称鸽支原体性卡他或鸽慢性呼吸道病。

(二)临床症状

患病鸽出现呼吸困难症状,剖检后气囊有干酪样渗出物。

（三）预防

该病主要经蛋传播，也可通过接触或呼吸道感染，或通过鸽乳将病原体传给仔鸽。带病乳鸽或康复带菌鸽不能留作种鸽或保姆鸽，带病乳鸽更不能留种出场，以防止该病向外传播。加强饲养管理：供给充足的全价营养饲料，尤其增加维生素 A，以增强上呼吸道的抗病能力，尽量减少应激因素。一旦发病，应立即隔离淘汰病鸽，以防止该病的进一步蔓延。该病高发季节可用泰乐菌素预防，每升饮水中加入 1 g，连用 7 d。

注意事项

①抗菌药物的长期使用，会使细菌产生耐药性，当鸽子生病时，这些药物药效就不理想，必须找化验室做药敏实验，找出最敏感的药物使用。

②使用硫酸铜时，应注意其对金属有腐蚀作用，必须用瓷器或木器装盛。

知识拓展

肉鸽个体较小，对外界环境非常敏感，环境出现异常时容易引发疾病，影响成活率，给养殖业带来很大的损失。在鸽子养殖过程中应注意预防疾病、提高科学饲养水平，搞好环境卫生、消毒和免疫接种工作。

1. 免疫接种

传统的养鸽户很少考虑给鸽注射疫苗，但现在出现疫情时必须紧急注射疫苗，否则后果不堪设想。例如鸽的新城疫，不注射疫苗时死亡率高达 70%～80%，给养鸽场造成灾难性损失。在使用疫苗过程中，还要注意操作程序，确保疫苗安全有效。

(1)规模鸽场新城疫免疫程序：20～25 日龄，用鸡新城疫Ⅳ系弱毒活疫苗 2 倍量滴鼻、点眼；50～60 日龄，用鸡新城疫Ⅳ系弱毒活疫苗 2～3 倍量饮水或喷雾；开产前 10～20 d，用鸡新城疫Ⅳ系弱毒活疫苗 2～3 倍量饮水或喷雾。或注射鸡新城疫油乳剂灭活疫苗 0.5 mL/羽；产蛋期间，每 6 个月用鸡新城疫Ⅳ系弱毒活疫苗 2～3 倍量饮水或喷雾，或每 12 个月注射鸡新城疫油乳剂灭活疫苗 0.5 mL/羽。

(2)鸽痘的免疫程序：鸽痘主要发生于夏季，乳鸽多发，传播途径是蚊虫叮咬，所以夏季要做好鸽场的防蚊驱虫工作。鸽痘一般选择在夏季蚊虫出来活动前接种。对老鸽可选择仅在4—5月份接种1次；对4月份以后出生的乳鸽在出生后2～3周接种1次，接种1个月后补种1次，成年鸽可在产蛋前再接种1次。

(3)开展预防性投药：预防用药一般没有固定程序。即使有固定程序也会根据实际情况(包括天气、管理、疾病等)经常做调整。春、秋季可各做1次呼吸道、肠道病的预防保健；也可以根据养殖场周边发病情况及天气有选择地进行预防，如添加益生菌调节肠道功能。呼吸道疾病的防治，要在平时加强调养，生产实践中用大蒜泡水任饮，每周2次。另外，平时注意在饲料和保健砂中添加抗病毒中药，每2个月预防性用药1次，连用3～5 d，会起到很好的预防作用。

2. 消毒

做好消毒工作则是防疫的基础，舍内外环境、人员、饮水、工具和设备等都要做好清洁卫生和消毒。

(1)在鸽场大门口要设置大的消毒池：车辆进入鸽场应通过消毒池并用消毒液对车身喷洒消毒。在每栋鸽舍门口要设置小的消毒池，消毒液应定期更换。

(2)鸽场的消毒：包括环境消毒、用具消毒和带鸽消毒。鸽舍周围环境宜每2周消毒1次，场内污水池、排粪坑和下水道出口宜每月消毒1次。喂料器、饮水器等用具应每天清洗、消毒1次。场内有疫情时，应每隔1～2 d进行1次环境消毒。

(3)在进鸽或转群前将鸽舍彻底清扫干净：采用0.1%的新洁尔灭或0.3%过氧乙酸等国家畜牧兽医主管部门批准允许使用的消毒剂进行全面喷洒消毒，有鸽的鸽舍应定期进行带鸽消毒。在带鸽消毒时，宜选择相对安全和刺激性相对较小的消毒剂，根据消毒剂厂家的使用说明进行配比，合理使用，正常情况下每隔2周带鸽消毒1次。鸽舍及配套设施应至少每周消毒1次。

(4)制定消毒制度，做好经常性的消毒工作：进入生产区的外来人员应严格遵守场内防疫制度，更换防疫服和工作鞋。为了预防传染病，要定期消毒，至少每周1次：可用4%溴水、3%～5%来苏儿等轮流带鸽消毒、喷雾于笼具和鸽体；还可以用2%～3%烧碱喷雾。在鸽舍地板洒石灰。当本鸽场某栋鸽舍或附近禽场出现疫情，必须选择烧碱等极具杀伤力的消毒药并配足浓度，进行突击消毒。

3. 做好环境卫生疾病控制

（1）选好鸽场、建好鸽舍：应选择在没有病菌和“三废”污染、地势较高、排水良好、背风向阳、远离闹市区的地方建鸽场。鸽舍要采用砖木或土木结构，要干燥清洁，空气清新，光照、通风良好。

（2）控制好环境：初生肉鸽羽毛未丰，冬季应注意保暖，但是密封鸽舍氨气味很浓，不利于鸽子健康生长，除在炉子上熬醋熏蒸可减轻氨水味外，还可以开窗通风；多雨季节应搞好鸽舍卫生，保证通风干燥，特别是巢盆中的垫料切勿受潮；炎夏要防暑，注意通风换气。

（3）保证饲料质量，科学配料：应多喂小粒饲料，增加绿豆和去壳小麦，减少有壳谷粒。

（4）供应充足的饮水：肉鸽的饮水量随环境和温度的变化而变化，夏天饮水量比其他季节多，笼养式肉鸽比平养式肉鸽饮水量多。

（5）添加保健砂和鱼肝油：为提高肉鸽出笼重和有利于健康，对 7～30 日龄肉鸽每天喂给 2 次特种保健砂和鱼肝油。

（6）增加光照时间：为了让鸽子多采食，促其快速生长，增加母鸽喂乳鸽的时间，晚上最好在鸽舍内开几盏 6～10 W 的节能灯。

（7）注意增减垫料：鸽窝要根据季节和气温变化增减垫料。冬季、春季多垫些干草，夏季、秋季少垫些，保证肉鸽腹部不受凉。

（8）要给鸽子定期洗浴：不仅可防止鸽子体外寄生虫的侵袭，还可刺激鸽子分泌生长激素，促进生长发育。网上平养的青年鸽，利用盆浴的方式洗浴，每 15 d 洗 1 次；笼养的产鸽采用喷雾器喷水洗浴，一般每 20 d 洗 1 次。

（9）按时调换雏鸽位置：每隔 2～3 d 调换 1 次雏鸽位置，使雏鸽得到平衡照顾。如有 1 只雏鸽死亡，剩下的 1 只每天喂酵母片，以防过饱积食。

（10）严格控制传染源：养鸽场里不要养鸡、鸭、鹅等家禽，很多病可在不同种动物之间互相传染，作为饲养管理人员不要私养家禽，也不要买入病、死畜禽（肉）。对病鸽特别是患传染性病的病鸽要注意隔离治疗，没有经济价值则坚决淘汰。不要乱扔病死鸽，应将其用不漏水容器盛到本场建造的密封生化池堆放或深埋。

(11)坚持做好鸽病的早期检查、诊断、治疗,避免疫情扩散:每天注意观察,怀疑有病则做进一步检查,检查口腔、嗉囊、肛门等处,测体温等,做出初步诊断。

5. 完善防疫制度

引进种鸽时,应注意隔离饲养观察(一般为 45 d),通过检疫确认为健康群后才混群饲养。本场的鸽子一经调出,不能再返回本场。另外,要注意买卖双方的笼具不要混用,本场要有自己的出鸽笼具,而买鸽方必须具备自己的笼具。

6. 建立健康种群,实施自繁自养

俗话说"好种出好苗",要使幼鸽群健康无病,首先要引进品质优良、抗病力强的种鸽,建立健康的种群,以保障肉鸽的正常生产经营。种鸽场(群)应无沙门氏菌病、大肠杆菌病、支原体病、网状内皮组织增生症等垂直传染病,还应无巴氏杆菌病、鸽瘟(鸽新城疫)、鸽痘等水平传染性疫病。对鸽寄生虫病,如球虫病、蛔虫病、螨病等也应严格控制。营养代谢性疾病(如维生素缺乏症,钙、磷缺乏症等)和中毒性疾病(如黄曲霉毒素中毒等)都可降低种鸽的体质、抗病力和繁殖能力,也要严格防止发生。规模化鸽场应定期对鸽群进行某些传染病的检疫,并采取相应措施,如扑杀、隔离治疗等,防止其在鸽群中扩大传播。

肉鸽传染病的暴发流行和寄生虫病的发生,多是由频繁引进或串换种鸽而将病原带入引起的,因此,有一定规模的鸽场应尽力在自养鸽群中选育留种,做到自繁自养,以防止外源疫病的发生。对于规模较小、尚无自繁自养条件的养鸽户,在必须采购引进或串换种鸽时,引进的种鸽必须来自健康和高产的种鸽群。外来鸽隔离观察 30 d 后,未发现疾病的才允许混入原来的鸽群或鸽场,以保证鸽场的安全生产。

思考总结

1. 鸽子常见传染病都有哪些?

2. 鸽子常见传染病预防措施有哪些?

任务3　鸽常见寄生虫病及其防治

一、鸽毛滴虫病

鸽毛滴虫病又称口腔溃疡，亦称为“鸽癀”，是鸽的常见病之一。最常见的特征变化是口腔和咽喉黏膜形成粗糙纽扣状的黄色沉着物。主要危害幼鸽，可引起很高的死亡率。成年鸽往往带虫而不表现症状。

（一）病原

本病的病原是毛滴虫。虫体呈卵圆形或椭圆形。前端有4条能游动的鞭毛，有一根细长的轴刺，波动膜较短。由于许多成年鸽是无症状的带虫者，常成为其他鸽子特别是乳鸽的传染源。本病主要通过接触感染，如亲鸽哺乳幼鸽、成年鸽接吻；健康鸽也可通过被污染的饲料和饮水而感染。脐部毛滴虫病主要是由于附在鸽巢内的毛滴虫通过尚未闭合的脐孔进入鸽的脐部而引起发病，以2～5周龄的乳鸽、童鸽最为多见，且病情较严重。此外，饲养管理不善、突然供给低劣饲料，都可促使本病加重。

（二）临床症状

许多幼鸽从带虫的雌鸽获得母源抗体而得到保护，最初几天能健康生存。而急性病例通常发生于6～15日龄的幼鸽，感染后10 d左右死亡。乳鸽、童鸽感染后表现为精神萎靡、羽毛松乱、食欲减退、消化紊乱，导致腹泻和消瘦，饮水量大，口腔分泌物增多且黏稠、呈浅黄色；呼吸受阻，有轻微“咕噜咕噜”声；下颌外面有时可见凸出，手触之可摸到黄豆大小的硬物。严重感染的幼鸽会很快消瘦，4～8 d内死亡。根据本病的症状，可分咽型、内脏型等。

1. 咽型

本型是最为常见，也是危害最大的一型。由于摄入大量尖利的谷物和较粗的砂子造成黏膜破损，促进病原侵入黏膜而感染发病。发病后病鸽口腔流出青绿色的涎水，嗉囊塌瘪，伸颈做吞咽姿势，口中散发出恶臭味。在鸽的咽喉部可见浅黄色分泌物，或有界限明显、呈纽扣大小或黄豆大小的干酪样沉着物，有些病鸽的整个鼻咽黏膜均匀散布一层针尖状病灶，妨碍鸽子采食、饮水和呼吸。病鸽常常张口摇头，使劲从口腔中甩出浅红色或黄色胶冻样黏膜块。

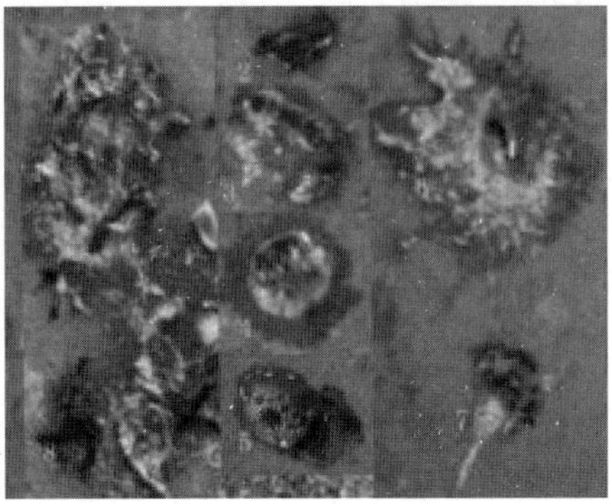

图 6-6　内脏型鸽毛滴虫病的粪便

2. 内脏型

鸽食入被污染的饲料和水而被感染，常表现为精神沉郁，羽毛松乱，食欲减退，饮水增加，有黄色黏性水样下痢(似硫黄色，带泡沫，图 6-6)，龙骨似刀，体重下降。随着病情的发展，毛滴虫还侵袭鸽的内部组织器官。

剖检病变：嗉囊和食道有白色小结节，内有干酪样物，嗉囊有积液；肝脏、脾脏的表面也可见灰白色界线分明的小结节；在肝实质内有灰白色或深黄色的圆形病灶。白喉(黏膜)型的鸽痘、鸽念珠菌病的喉部病变与本病相似。鸽沙门氏菌病和鸽结核病的肝、脾小结节也与本病相似，应区分清楚。

(三)防治

1. 预防

加强饲养管理，做好清洁卫生。及时治疗病鸽和带虫鸽。幼鸽与成年鸽分开饲养。

2. 治疗

发现病鸽和带虫鸽应隔离饲养，并用以下药物治疗。

①以 0.05%浓度的结晶紫溶液饮水，连用 1 周，有预防和治疗作用。

②以 1∶2 000 硫酸铜水溶液饮水，连用 3～5 d，对鸽的上消化道毛滴虫具有抑制作用。

③以 1∶1 500 碘水溶液饮水，连用 3～5 d。

④将 10%碘甘油或金霉素油膏涂在已除去了干酪样沉积物的咽喉溃疡面上，效果很好。

二、蛔虫病

(一)病原

蛔虫是一种常见的体内寄生虫,寄生在鸽子的小肠里,夺取营养,破坏肠壁,影响鸽子对营养物质的吸收转化,导致鸽子发病死亡。

传染途径:通过误食带有蛔虫卵的粪便或污染的饲料、饮水、泥土、沙子、小石块、青饲料而感染。

(二)临床症状

患鸽症状和鸽龄大小及寄生虫寄生数量的多少有关。一般情况下幼鸽的症状重于成年鸽。如寄生的虫体不多,一般无明显症状;寄生的蛔虫较多时,鸽的生长速度、生产性能和食欲等会明显下降,甚至出现麻痹症状。时间较长时患鸽体重减轻,明显消瘦。羽毛松乱、下垂,肢脚浮肿。

(三)防治

①在治疗上一般采用服用驱蛔灵(哌嗪)的方法,服用时每晚 1 次,每次 1/4 片,连续服用 4 d。

②要避免鸽与粪便接触,每天清除粪便,一是搞好笼舍内外的清洁卫生;二是做好消毒工作;三是保持饲料、饮水的洁净、无污染。

③要定期驱虫。童鸽每 3 个月全群驱虫 1 次,成年鸽每年驱虫 1 次。

④对病鸽用相应的药物进行治疗即可。

知识拓展

鸽易患体外寄生虫病,现将主要体外寄生虫病及其防治方法介绍如下。

(1)病原及感染情况:鸽的体外寄生虫种类较多,主要有羽虱、蜱、螨等。羽虱是一种无翅昆虫,以羽毛和皮屑为食,导致鸽羽损伤断裂,减少有用的羽毛。鸽螨种类多,一般体长 0.2～0.8 mm,寄生在羽毛、羽毛囊、皮下组织和脚的鳞片下,以吸血或咬食羽毛为生。蜱是一类吸血的蛛形纲动物,其形状与螨相似,但较螨大,体长约 8 mm。鸽虱蝇外形与家蝇相似,较家蝇小,长 5.5～6 mm,棕色,寄生于羽毛间或躲藏于巢窝中。体外寄生虫不仅直接侵害鸽体,而且是传染病及寄生虫的传播者。鸽体外寄生虫在各地都可发生，尤其在阴湿、卫生条件差的鸽场更容易发生。它们可侵害各种年龄的鸽。

(2)临床症状：破坏羽毛结构，叮咬皮肤，吸取血液，引起皮肤痛痒，使鸽不安，贫血，消瘦，飞行成绩和生产力均下降。

(3)防治：此病应注意平时预防，主要是搞好环境卫生和消毒工作。用0.2%～0.3%的敌百虫溶液让童鸽药浴，但在药浴前应供应充足饮水，药浴时间以15 min为宜，不能太长。也可用沙法除虫，每100 kg细沙内加入硫黄粉5 kg充分混匀，铺成10～20 cm厚，让鸽自行沙浴；或用90 g滑石粉加10 g硫黄粉，配成粉剂，揉搓羽毛。

思考总结

1. 如何防治肉鸽体内寄生虫病？
2. 如何防治肉鸽体外寄生虫病？

任务4　鸽常见其他病

一、有机磷农药中毒

有机磷是农业上应用广泛的一大类高度脂溶性杀虫剂，对禽、畜、人都有毒性作用。这类杀虫剂种类较多，是神经毒类杀虫药。

(一)病因

病因包括：使用被污染的饲料或水源；鸽误食被毒死的害虫或小动物；饲喂有机磷残留量大或刚施药不久便收获的作物饲料；体外驱虫选药不当或用量过大，以及使用方法不对。

(二)临床症状

急性中毒时，病鸽表现为无目的地飞动或奔走，食欲下降或停止，流泪、流涕或流涎，瞳孔缩小，呼吸困难，可视黏膜暗红，精神沉郁，颤抖，排粪频繁，头颈向腹部弯曲。后期卧地，抽搐，昏迷，最后死于衰竭。体温多属正常。剖检时，可见皮下或肌内有点状出血。上消化道内容物有大蒜味，胃肠黏膜有炎症。喉、气管内充满带气泡的黏液，腹腔有积液，肝、肾呈土黄色，肺淤血、水肿，心肌及心冠脂肪有出血点。

（三）防治

停止使用可疑饲料或饮水，以免毒物继续进入鸽体。清除毒物，如冲洗鸽体表的残留药，喂服硫酸镁或蓖麻油、硫酸钠、石蜡油、生油等下泻药。给每只鸽注射硫酸阿托品 0.2 mL，以缓解胃肠道痉挛及拮抗瞳孔的缩小。

以下为有机磷中毒的特效解毒剂。

1. 解磷定

每千克体重 0.2～0.5 mL(8～20 mg)，1 次肌内注射，也可静脉注射。此药除对敌百虫、敌敌畏、乐果及马拉硫磷中毒的疗效较差外，对其他有机磷中毒的疗效均较好。

2. 氯解磷定

疗效高，副作用小，水溶性好，肌内注射或静脉注射，用量可参考解磷定。

3. 双复膦

按每千克体重 40～60 mg，皮下或肌内注射。

4. 樟脑磺酸钠

按每千克体重 0.2～0.5 mL 的量，皮下注射，以增加中枢神经的兴奋性。

5. 硫酸阿托品

肌内注射，每只 0.1～0.2 mL(每毫升含 0.5 mg)，可缓解经口摄入的有机磷中毒引起的胃肠痉挛。

平时应注意有机磷类农药的用法、用量和安全使用的要求，保护场舍周围环境及饲料免遭此类农药的污染，及时清理被毒杀的害虫和小动物，以免饲料和饮水受到污染。

二、维生素 D 缺乏症

（一）病因

维生素 D 又称钙化醇，种类较多，其中有营养意义的是维生素 D_2 和维生素

D_3。前者是植物收获后经晒干,从维生素 D_2 原转化来的;后者是鸽的皮肤及羽毛经日光中的紫外线照射,从维生素 D_3 原转化来的。维生素 D 与钙、磷代谢有关,能使钙、磷在酸性环境下易于溶解、吸收并沉积于骨骼组织中,有助于骨骼的生长、发育。因此,维生素 D 不足或缺乏,最易引起幼鸽骨骼发育不正常、畸形及成年雌鸽产异形、软壳或薄壳蛋。

(二)临床症状

幼龄鸽缺乏时,食欲尚好,但生长不良,甚至完全停止生长;腿部无力,步态不稳,以飞节着地,最后不能站立。骨骼变得柔软或肿大:喙和爪变软,易弯曲;肋骨变软,肋骨与肋软骨、肋骨与椎骨交接处肿大,形成圆形结节,呈串珠状;脊椎在背部和尾部向下弯曲;长骨质地变脆易折;胸骨侧弯,胸廓正中急性内陷,胸腔变小。

亲鸽缺乏维生素 D 时,初期产薄壳蛋、软壳蛋,随后产蛋量下降,种蛋孵化率降低;严重的胸骨变形、弯曲,骨骼变脆、易骨折。

(三)防治

保证饲料中维生素 D 的含量,注意供给充足的保健砂,并保证钙、磷的含量及比例。体弱的乳鸽及时补喂鱼肝油和接受日光照射。给小鸽 1 次喂大剂量(15 000 IU)维生素 D,可收到更快的治疗效果。平时要注意日粮中满足鸽对维生素 D 的需要量,但莫操之过急,盲目超量补给,以免多量的维生素 D 引起肾的损害。

三、眼结膜炎和角膜炎

(一)病因

眼结膜炎和角膜炎是指发生于鸽子眼部的一类炎症,养鸽实践中常有发生。炎症主要涉及眼结膜时称为眼结膜炎,而主要涉及角膜时则称为眼角膜炎,但两者往往同时发生。眼外伤、异物侵入、细菌或病毒等病原微生物感染、寄生虫(如眼线虫)侵袭、氨气等刺激性气体的刺激,以及维生素(特别是维生素 A)缺乏等机械性、化学性和生物性原因,都能引发本病。

(二)临床症状

病鸽患眼的内分泌物增多,流泪,眼睑肿胀,上下眼睑粘连,角膜混浊,周围充血，严重者可失明。继发于沙门氏菌病、大肠杆菌病、衣原体和支原体等感染以及维生素A缺乏症者，除眼部的局部症状外，还可见原发病的相应表现，这类眼病多呈双侧性。

（三）防治

将病鸽挑出，并将之移至阴暗处饲养。在进行原发性疾病治疗的基础上，进行局部对症治疗。用1％～2％硼酸水溶液或1％食盐水冲洗患眼部，每日3～6次。后者亦可与醋酸氢化可的松滴眼液交替使用。由滤过性病毒引起者，以利福平眼药水的疗效较佳。与此同时，在日粮或保健砂中补充适量的维生素A或鱼肝油、施尔康等添加剂，有助于提高病鸽抵抗力和促进康复。

四、痛风

（一）病因

痛风是指尿酸盐在体内不同组织器官上沉积而引起的一种病理过程。尿酸是鸟类（包括鸽子）氮代谢的正常产物，是嘌呤和蛋白质分解代谢的最终产物。体内生成的尿酸大部分经肾脏、小部分经由肠道排出体外，因而凡能引起急性或慢性肾功能损害，或输尿管阻塞的情况，都可能导致尿酸盐在体内的过多沉积而导致痛风的发生。

（二）临床症状

根据尿酸盐在体内沉积的主要部位不同，临床上可将痛风分为内脏型痛风和关节型痛风两大类。

1. 内脏型痛风

除原发性疾病的症状外，通常缺乏特异性的临床表现，主要包括精神沉郁，厌食，体况虚弱，严重者可致死亡。剖检的特征性病变是肝脏和心包表面布满灰白色尿酸盐斑块或白色粉尘样物质，类似的病变还见于腹腔及其内脏器官的浆腹表面。因肾功能损害所致者，可见肾脏肿胀、变色，有的因肾小管内充斥灰白色尿酸盐而呈网格样外观；因输尿管堵塞和输卵管炎所致者，输卵管变粗，管壁增厚，其内充满灰白色尿酸盐而成粗索状。

2. 关节型痛风

早期病鸽似乎仍处于健康状态，或仅见跛行，不愿飞翔和爬上栖架，一脚独立或蹲坐。体检可见四肢关节,特别是跗关节、趾关节等处僵硬、肿胀和疼痛,随着疫情的发展,病变关节肿胀硬实、无痛感,常见腹泻、贫血和消瘦。眼观病变主要包括患病关节变形,关节骺端软骨面、滑膜囊及关节周围有灰白色尿酸盐沉积。

(三)防治

平时注意加强饲养管理,控制日粮中的蛋白质水平,注意维生素 A 的添加量,给予充足的饮水,避免受凉和其他应激,注意关节疾病的预防等是预防本病的基本措施。

迄今尚无满意的治疗方法。内脏型痛风多预后不良;而关节型痛风应在改善饲养管理、适当增加维生素 A 和维生素 C 添加量等措施的基础上对症治疗,对早期病例可有一定效果。

五、热应激

(一)病因

热应激(又称热射病)是指鸽子体温调节失控,体热过分蓄于体内而引起的一种疾病,依其引发的原因及表现的差异,有临床中暑和热射病两种类型。中暑多发生于夏秋高温季节,且多见于肥胖鸽和肉鸽,其本质也是热射病的一种类型;而热射病是指散热受阻、体热蓄积而引起的一种急性病,没有明显的季节性,通常于炎热的季节多见,并多见于体弱者。

鸽子没有汗腺,新陈代谢过程中所产生的体热主要通过呼吸、体表辐射、传导和对流的方式转移到周围环境,保持体温的恒定。当夏秋季节周围环境温度过高,舍内闷热、潮湿、通风不良、空气混浊、饲养密度过高时,则可导致体热的散失受阻,以致余热过多地积蓄于体内,诱发中暑;或长途运输时,运输工具密闭,空气不流通,密度过大,运输前又未能供给充足饮水,运输途中不注意通风降温等原因,将严重影响体热的散发,使其过度蓄积于体内,诱使热射病的发生。

(二)临床症状

1. 中暑

病鸽初期表现为精神兴奋、呼吸急促、张口喘气,随后精神极度沉郁、闭目呆立、体温升高。严重者可全身震颤，四肢不完全麻痹，最后可见昏迷和死亡。眼观病变包括鸽尸温度较高，大脑实质及脑膜充血、出血，血凝不全和尸冷缓慢。

2. 热射病

病鸽精神烦躁，步态不稳，饮欲亢进，呼吸急促，张口喘息；体温升高，浑身湿热，体表温度高于体温，病程进展迅速，后期全身肌肉震颤，倒地死亡。眼观病变包括大脑及脑膜充血，小点出血；肺部混血，水肿，实质器官变性。

（三）防治

排除各种诱发本病的因素是预防本病发生的主要措施。炎热季节，应加强科学的饲养管理，完善遮阳设备，调整饲养密度，保持舍内通风良好，保证充足的新鲜饮水，适当使用维生素 C、维生素 B_6、维生素 B_{12} 和维生素 E 等。长途运输时，运输前要供给充足饮水，运输工具不能过于密闭，密度不能过大，运输途中经常注意鸽群动态，以便及时采取相应措施。

一旦发生本病，立即将病鸽转移到阴凉通风的地方，头部喷以凉水（最好是井水），或敷以冰块或冷水湿巾，同时灌服红糖水或凉茶加红糖解暑，一般均能康复。此外，为缓解热应激，可在饮水中加入 0.2%氯化钾、0.2%氯化铵等以补充电解质。

六、异嗜癖

（一）病因

异嗜癖是指鸽子喜啄食非正常食物的一种病理现象，依其嗜食物品的不同，临床有啄羽癖、啄肛癖、啄蛋癖、啄趾癖和食肉癖等多种类型，其中以啄羽癖最为多见。

本病的发生多因鸽子不能从日粮和保健砂中获得足够的维生素和微量元素，以致体内物质代谢紊乱，故常见于饲养管理差、日粮或保健砂配制不合理的鸽群。此外，某些疾病（如佝偻病、骨软症、胃肠炎、肝脏疾病和寄生虫病等），或饲养密度过大、不同品种或不同龄期的鸽子混群饲养、舍内通风不良、空气污浊、闷热潮湿，或体表损伤或肛门脱出未做及时治疗，以及死鸽、病鸽或破蛋未及时处理等，都可引发本病。

（二）临床症状

病鸽初期精神稍差，食欲减退，但喜啄食树枝、草梗、铁丝、泥土、石灰、破布、绳子、塑料等异物，以及互啄或自啄羽毛、蛋、脚趾、肛门和粪便等。病鸽生长迟缓，贫血消瘦，繁殖力下降，破损蛋明显增多。异物在嗉囊积聚而出现硬嗉症，并导致消化功能失调，便秘或腹泻，最后可死于身体衰竭。

（三）防治

预防的关键在于加强饲养管理，供以全价的配合日粮和符合标准的保健砂，保持饮水新鲜洁净；注意环境卫生，保持舍内通风良好，光线不宜太强；定期驱虫，提高鸽体的抗病力。

七、卵黄性腹膜炎

（一）病因

卵黄性腹膜炎是指卵巢上成熟的卵子异常地落入腹腔而引起的腹腔浆膜的炎症，原因主要包括：产蛋鸽突然受到袭击或强烈的惊吓，如粗暴捕捉、强烈应激，犬、猫及鼠类等动物的侵扰和袭击；某些累及卵巢的传染性疾病，如沙门氏菌病和大肠杆菌病等，导致卵子及滤泡膜变性、破裂；输卵管的炎症或肿瘤引起输卵管管腔狭窄、闭锁、破裂或难产等。以上情况都可能导致成熟的卵子不能正常地进入输卵管，而直接或经破裂的输卵管进入腹腔，引起卵黄性腹膜炎。

（二）临床症状

病鸽精神沉郁，食欲不振，逐渐消瘦，偶有白色炎症产物随粪便排出体外；腹部明显膨隆下垂，行动蹒跚，长期不产蛋。继发于传染性疾病者，还可见原发性疾病的症状。

（三）防治

对鸽群进行科学管理，避免各种应激和惊扰，进行清扫、喂水、投料等各项生产操作时动作要轻柔，同时注意相关疾病的预防和及时治疗。

八、骨折

(一)病因

鸽体某部位的骨骼发生断裂,常伴有周围软组织的不同程度损伤,称为骨折。骨折在鸽多属偶发,弹击、捕捉、惊扰、打斗以及其他意外都可能引起骨折。此外,患佝偻病鸽因其骨质疏松脆弱,有时可发生自发性骨折。

骨折可发生于身体的任何部位,但以翅和后肢的长骨最常见。仅部分断裂者称为不完全性骨折,完全断裂者称为完全性骨折。骨折部位的皮肤、黏膜完整性同时受到破坏,断骨端露出伤口之外时,称为开放性骨折;如该部位皮肤、黏膜仍保持完整,则称为闭合性骨折。

(二)临床症状

外伤性骨折多为单侧性,骨折的局部常有出血、肿胀、疼痛和功能障碍。其临床表现与骨折发生的部位密切相关,病鸽因疼痛而发抖、闭眼,人触摸骨折处时病鸽做出躲避反应。翅膀发生骨折时,患处下垂,不能飞行;腿部骨折时,病鸽单脚站立,患肢悬吊而不能行走,或独脚跳跃;趾骨骨折时,病鸽站立不稳,患肢不敢着地,跛行。完全性、开放性骨折者,症状更加严重。本病的症状和病变都有特征性,因而不难做出诊断。

(三)防治

不严重时可用医用棉花涂抹云南白药,以医用胶布包扎,包扎力度要轻,以防引起局部肿胀化脓损伤。严重时要由助手将患鸽绑定,防止骚动,充分暴露骨折部位,以便于实施手术。用手术剪刀将患部的绒毛剪净,有条件的可以用刮胡刀刮净,用70%医用酒精棉球反复擦拭骨折部位。清除污物后再行消毒,然后整复断骨,涂抹云南白药,用棉花包裹,用医用胶布(也可用带气孔的伤湿止痛膏)缠绕4～5层,呈纺锤形固定。在缠绕胶布时松紧必须适度。

患鸽应单独笼养,注意观察手术部位,可以喂云南白药的丸剂和止血丹。并补充营养。

注意事项

1. 鸽病多呈群发性

目前，肉鸽生产多采取不同程度的规模化或集约化的饲养方式。此种方式饲养场地集中、饲粮统一和管理一体，所以疫病在传入或发生时，均呈现群发性，其中以传染病、寄生虫病、中毒性疾病和营养代谢性疾病尤为明显。对此类疾病应坚持预防为主、防治并进的原则，以防止疾病的发生及控制疾病的蔓延扩散。

2. 多数鸽病传染迅速

多数鸽病具有传播迅速、蔓延广和发病快的特点，如鸽瘟、球虫病、污染饲料中毒和药物中毒等，都会在短时期内集中发生或流行。所以，当疾病出现时，应立即通过临床症状、解剖检查、流行病学调查等进行综合性检查分析，做出初步诊断，即明确是传染病、寄生虫病还是中毒性疾病，然后，尽早采取相应的紧急措施，以控制疫情，防止疾病的扩散蔓延，减少损失。

知识拓展

1. 日常观察鸽子的健康状况

养殖生产中评价鸽子是否健康，主要观察鸽子的精神、站姿、眼睛、口腔（是否有黏液和黄色的块状物）、羽毛（是否凌乱、无光泽），还可以摸腹部，看粪便。

（1）看精神状况：健康的鸽子活泼、机警。当有人靠近时，它会小心地跳走。病鸽大多精神欠佳，羽毛松散，眼睛无精打采，呼吸急促，呼吸时喘息或从喉部、气管发出异常声音，不爱活动，独居，消瘦虚弱，少吃或不吃，多喝水或浪费食物，不喂乳鸽等。

（2）看眼睛：健康鸽子的眼睛应该明亮、干净、警觉、睁大。患禽流感、副伤寒、眼炎、支原体病、维生素 A 缺乏症等疾病时，眼睛发炎，分泌物增多；患结膜炎时，结膜充血，血管扩张；患丹毒或肺炎时，结膜呈紫色；贫血或营养不良时，结膜苍白；有机磷农药中毒时，瞳孔先缩小后扩张。

（3）看口腔、咽喉：口腔、咽喉中如有潮红、溃疡或黄白色假膜，可能为喉炎、滴虫病、白喉型鸽痘；口中有小米大小的灰白色结节，可能为维生素 A 缺乏症；口中流涎是鸽新城疫或有机磷农药中毒的特征。

(4)摸腹部:从胸骨到耻骨轻轻按摩腹部。便秘时,可感觉到肠道内有黄豆粒大小的颗粒状粪便;肝炎或肝硬化时,可感觉到肝脏肿胀或硬实;有肿瘤时,可感觉到腹部有硬物;患肠炎时,可以感觉到腹部肿胀和下垂。

(5)看粪便:健康鸽的粪便呈灰黄色、褐黄色或灰黑色,呈条状,末端附着白色物质。消化不良或患卡他性肠炎时,排出松散的粪便;粪便中有白色和红色黏液时,为出血性肠炎或球虫病;排黑色粪便时,为胃或小肠前部出血;排绿色粪便时,为鸽新城疫等热病。

2. 鸽群发生传染病的紧急措施

鸽群一旦发生传染病,应立即采取紧急措施,就地扑灭,防止疫情扩大。

(1)控制传染来源:当鸽群发生传染病或疑似传染病时,应立即向有关部门报告疫情,以便组织人力调查,共同会诊,确定病性,及时采取紧急防治措施。发病鸽场所有的鸽必须进行全面仔细检查,病鸽及可疑病鸽应立即隔离观察和治疗,这是控制传染源的重要措施。根据疫病种类和实际情况,划定疫区,进行封锁。在疫区封锁期间,应禁止活禽及其产品交易活动,直到最后一只病鸽痊愈(或死亡)后,经过该病的最长潜伏期,再无新的病例出现,经全面彻底消毒后,方可解除封锁。对同群尚未发病的鸽及其他受威胁的鸽群,要加强观察,注意疫情动态。可根据病的种类,进行隔离治疗或淘汰急宰。

(2)切断传染途径:病鸽及其隔离场所、用具、鸽舍、粪便及其他污染物等必须进行严格彻底消毒及无害化处理。病鸽尸体要焚烧或深埋,不得随意抛弃。没有治疗价值的病鸽,按国家规定进行严格处理,如烧毁、深埋或化制后作为工业原料等。

(3)保护易感鸽群:对假定健康鸽及受威胁的健康鸽应立即进行紧急免疫接种。紧急接种是在发生传染病时,为了迅速控制和扑灭疫情,而对疫群、疫区和受威胁地区尚未发病的鸽进行临时紧急免疫接种。紧急接种除应用疫(菌)苗外,常使用高免血清进行被动免疫,而且能够立即生效,能迅速控制该病的流行。

思考总结

1. 鸽子常见其他疾病都有哪些?

2. 鸽子常见其他疾病预防措施分别是什么?

项目七

生产经验答疑解惑

任务1　鸽的日常管理

一、鸽的特殊生活习性

同其他家禽或鸟类相比，鸽具有其独特的生活习性。

1. 鸽是“一夫一妻”制的鸟类

鸽性成熟后，对配偶具有选择性，一旦配对就感情专一，形影不离。在同一鸽群中，若雌雄鸽数量不相等，还可能出现二雄或二雌的同性配偶。鸽子配对后，雌、雄鸽都参加营巢、孵化和哺育幼鸽活动。鸽在丧偶后要经过较长时间才能重新配对。在生产中为了培育优良品种，提高鸽的品种质量，避免近亲繁殖造成品种退化，可有计划地进行人工选配。若雌、雄鸽自由配对后，也可重新拆开再配，但非常费时费力。因此，在育种时，要掌握鸽的这一特性，尽早制订人工选配计划，以防自由配对。另外，成年鸽失去配偶后，在发情季节，也可能因性欲强烈出现乱交乱配现象，这可能就会扰乱鸽群。为了保持鸽群的安静，可以将发情鸽及时配对，或者暂时将其隔离。

2. 父母亲鸽共同筑巢、孵化和育雏

鸽交配后，就会寻找筑巢材料，构筑巢窝。生产性能好的雄鸽还具有“驱妻”行为，若雌鸽离巢时，雄鸽会追逐雌鸽归巢产蛋。雌鸽产下蛋后，雌、雄鸽轮流孵蛋，雄鸽每天上午 9 时入巢孵化（图 7-1），换雌鸽出巢觅食、活动。下午

5 时母鸽入巢孵化至次日上午 9 时。就这样雌雄交替，日复一日，直到孵出雏鸽为止。幼鸽孵出后，雌、雄亲鸽共同分泌鸽乳，哺育幼鸽。鸽卵孵化期一般为 18 d 左右，超出这个时间，若幼鸽尚未孵出，父母鸽就会放弃旧巢另寻新巢，产蛋再孵。因此，生产中，若发现超过孵化期还未出雏，应及时取出未孵出的蛋，以便让鸽及时产蛋。

3. 以植物性食料为主

无论是野鸽还是家鸽，均是以植物性食料为主，主要有玉米、麦子、豆类、谷物等，一般不吃虫子等肉食，一些人工饲养场也会用颗粒混合饲料进行喂养(图 7-2)。一般鸽习惯吃生料，在人工喂养条件下也可适应熟食。

图 7-1　鸽子孵化

图 7-2　鸽子颗粒混合饲料

4. 白天活动，晚间归巢栖息

鸽子在白天活动十分活跃，频繁采食饮水，晚上则在棚巢内安静休息。但是经过训练的信鸽若在傍晚前未赶回栖息地，也可在夜色中飞翔，甚至可在夜间飞行。

5. 反应机敏，易受惊扰

在日常生活中鸽子的警觉性较高，对周围的刺激反应十分敏感。闪光、怪音、移动的物体、异常颜色等均可引起鸽群骚动和飞扑。因此，在饲养管理中要注意保持鸽群周围环境的安静，尤其是夜间要注意防止鼠、蛇、猫、犬等侵扰，以免引起鸽群混乱，影响鸽群正常生活。

6. 鸽具有很强的记忆力

鸽子记忆力很强，对固定的饲料、饲养管理程序、环境条件和呼叫信号均能形成一定的习惯，甚至产生牢固的条件反射，对经常照料它的人能很快与之亲近，并熟记不忘。若平时粗暴地对待它们，往往会不利于饲养管理。同时鸽子是习惯性较强的动物，若要改变他们原有的生活习惯，则需经过一段时间逐渐调适。因此，在鸽子的饲养管理中，应固定日常饲养管理程序和环境条件，以保证较高的生产效能。

7. 鸽具有强烈的归巢性

无论家鸽或野鸽均具有强烈的归巢性。一般来说，它们的出生地就是它们一生生活的地方。任何生疏的地方，对鸽子来说都是不理想的生活环境，若要生活在此，它们会感到非常不安，时刻都想返回自己的“故乡”，尤其是遇到危险和惊吓时，这种“恋家”欲望更加强烈。若将鸽子携至距“家”百里甚至千里之外放飞，它都会竭力以最快的速度返归，并且不愿在途中任何生疏的地方逗留或栖息。

二、鸽的洗澡方法

给鸽子洗澡是日常饲养管理的一项重要工作，洗澡方式包括水洗（图 7-3）和沙洗。常给鸽子洗澡既能使它们的羽毛保持清洁、光亮，防止体外寄生虫病，又能刺激体内生长激素的分泌，促进其正常成长发育，同时也可消除疲劳。水洗的时间不能太长，要根据本地的气温和环境，还有鸽子的品种来算定洗澡的时间和周期。天热的时候（夏天）可以每日洗1～2 次；冬季每周 1 次，冬季洗澡应安排在天气晴暖、气温较高的中午进行，每次水浴 15 min。有运动场的青年鸽和种鸽，可在运动场的一角做一个浴池，大小依鸽的数量而定，一般为 100 cm×140 cm×18 cm，浴池内的水应为流动水。

图 7-3　鸽子水洗

在内、外笼中饲养的种鸽，可在外笼的最上端，每两笼中的上方装一个细喷头，需要给鸽洗浴时，打开总开关，喷头就向下喷水，鸽可以充分水浴。

三、种鸽的饲养管理

为了提高种鸽的生产力水平，即达到高产蛋率、高受精率、高孵化率及乳鸽、童鸽的高成活率，必须切实抓好以下几个饲养管理的要点。

1. 合理配对

自由配对或人为配对的种鸽上笼时要做好生产记录，加强管理，注意观察配对是否合理，如果配对后 4～5 d 还常打斗，或配对后多次产无精蛋，应拆散重新配对。一般认为对初产母鸽配比其大半岁至 1 岁的公鸽能提高受精率。公鸽性欲不强时，可肌内注射丙酸睾酮，1 次注射 5 mg，2～3 d 后再注射 1 次。另外，应及时淘汰性欲衰退的老年公、母鸽。

2. 促进孵化

交配后不久，母鸽就会产蛋，要及时准备好巢窝，让鸽子入巢产蛋孵化。亲鸽配对产蛋后，有的能主动孵蛋，有的少去或不去孵蛋。解决办法是在巢内关养，并用黑布遮盖让其孵化，这样几天后就会习惯。若采取多种措施后仍不热心孵蛋，应及早淘汰。但如果该品种有其他优良特性，可用保姆鸽代孵，也可采用孵鸡蛋用的孵化器来孵化，孵化温度控制在 39.5 ℃，湿度为 65%左右，入孵 10 h 后要翻蛋，每天翻 5～6 次，晾蛋 1 次，约 20 min。孵化 17～18 d 即可出雏。

3. 保姆鸽的利用

保姆鸽又称奶鸽。公、母鸽一方发生疾病时，或优良种鸽多产蛋及种鸽只产蛋而不愿孵化时，均可利用保姆鸽代哺代育。保姆鸽应选择 3～5 岁、身体健康、有孵化育雏经验、就巢性强，其产蛋期与亲鸽相同或相近（一般不能相差 5 d 以上）的鸽子。

4. 检查胚蛋

为了提高孵化率和出壳率，对孵化的鸽蛋要进行照蛋检查（图 7-4），第一次是在第 4～5 天，照蛋检查后取出无精蛋（图 7-5）；第二次是在第 10～13 天，照蛋后取出死胚蛋，余下的受精蛋转移到同期产蛋的种鸽处继续孵化，即并蛋孵化。并蛋时要注意两只蛋的孵化时间要相同或相近。并蛋孵化的同时要让提前终止孵化的鸽子尽早产蛋。此外，孵化环境要安静，防止各种因素干扰，如果鸽蛋被粪便污染，应及时小心清除。

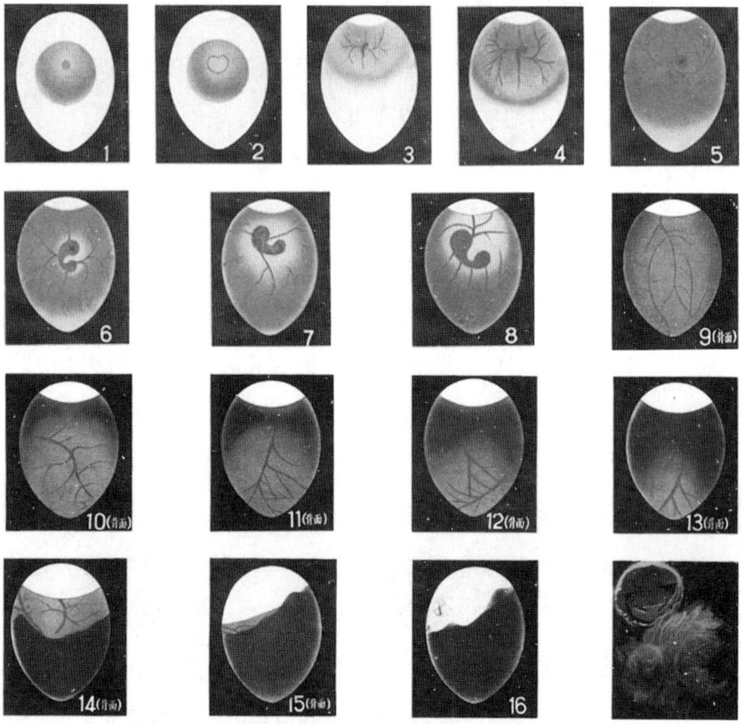

图 7-4　鸽子孵化期照蛋(图中数字为胚胎日龄)

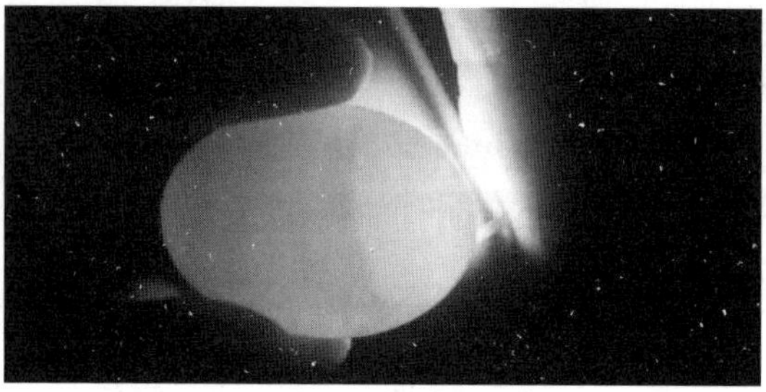

图 7-5　无精蛋

5. 辅助出壳

对已啄壳而超过时间无力出壳的雏鸽，要进行人工辅助出壳，即在鸽蛋破口处延长半圈或 1 圈用针轻轻挑碎硬蛋皮，使雏鸽可以不费力地将蛋壳顶开。

6. 加强换羽期的饲养管理

种鸽每年夏末秋初开始换羽，每年 1 次，每次 1～2 个月。对换羽的种鸽应减少饲料量，降低饲料质量，使得鸽子因营养不足而早脱毛，早换羽，缩短换羽期。换羽后要及时增加饲料量，补充营养，使种鸽增强体质，迅速投入正常生产。

7. 育雏期的饲养管理

雏鸽出壳后 2 h，种鸽就开始给雏鸽喂鸽乳。若出鸽后 5～6 h 种鸽还不会喂雏鸽，就要检查原因。如果是种鸽患病，要及时隔离治疗，让保姆鸽代哺，若是种鸽初次孵雏，没有经验，则应进行训练，把雏鸽的嘴小心地放入种鸽嘴内，这样重复几次便可学会。

四、鸽的日粮配合

为了在保证鸽体健康，充分发挥其生产性能的前提下，尽可能降低饲料成本，达到科学饲养的目的，就要根据鸽子的种类、年龄和生产水平等，科学地制定鸽所需的营养标准，即“饲养标准”。日粮配合是根据鸽的饲养标准，将各种营养成分不同的饲料相互搭配，制定出饲料配方，这是养鸽生产中的一个重要环节，直接关系到鸽的健康生长及经济效益。

1. 日粮配合的基本原则

(1)因地制宜，选用当地来源广、价格低廉的饲料。

(2)饲料的配合切忌单一，尽量采用多种饲料，使营养更完善，以提高饲料效率。

(3)日粮配合要注意饲料的品质和适口性，杜绝采用发霉变质的饲料。

(4)日粮配合时应力求保持饲料配方的相对稳定性，避免突然更换饲料。

2. 具体配合时可按如下百分比配合法

(1)根据各类鸽子的营养需要，确定所采用的饲料原料种类。

(2)根据饲料营养价值表查出并计算所选用各原料的营养成分含量，然后累计算出日粮的营养成分(粗蛋白质、粗脂肪、粗纤维和矿物质)的百分比含量及代谢能。再进一步根据各类鸽的营养要求做适当调整，以满足各类型各阶段的鸽子的营养需要。

(3)从饲料营养价值表计算出日粮主要氨基酸和维生素的含量。最后根据需要添加矿物质、氨基酸和维生素,使鸽子日粮营养水平更完善。

五、鸽便秘的防治

饲养管理不善、突然更换饲料或饲喂不易消化的饲料、运动不够、饮水不足等,均可能造成鸽子排粪不畅。鸽子便秘临诊可见食欲减退,烦躁不安,不断有排便动作,但不见粪便排出,肛门膨胀,有时能触摸到粪便在泄殖腔内。治疗时,首先用温水将肛门周围的粪便洗净,然后灌喂5%硫酸钠5~10 mL,石蜡油3~6 mL,同时用5%人工盐溶液作为饮用水。

六、鸽消化不良的防治

饲养管理不当,过分饥饿后暴食,运动不足或长久飞翔,胃内的细石子不足等,是鸽子消化不良的主要原因,使得鸽子消化机能紊乱或发生障碍,以致胃肠的消化、吸收功能减退。临诊可见鸽子食欲减退或不食,不愿运动,粪便变软,或稀烂至稀薄,甚至吃什么排什么,便中带有完全未消化的谷物等。

预防消化不良的主要方法是改善饲养管理,防止饥饿后暴食,尤其在长途飞行后要让鸽子休息一会儿再饲喂,喂料要较易消化,平时要注意饲料中经常搭配一些青绿饲料。

注意事项

①鸽是晚成鸟。幼鸽刚出壳时,眼睛不能睁开,体表羽毛稀少,不能行走、采食,需经亲鸽喂养30~40 d才可独立生活。

②对于单笼饲养的种鸽,一般每年安排1~2次专门洗浴,并在水中加入一些能杀灭或驱除体外寄生虫的药物,如敌百虫,但要注意浓度不宜太高。洗浴后应立即将用水倒掉,以免鸽子饮用,引起中毒。

③若发生了消化不良,可灌服小苏打或人工盐,每只鸽0.5~0.8 g,用清水溶解后灌服。同时可喂给一些细小的砂石子,以提高消化能力。

任务2　鸽的繁殖管理

一、鸽的配偶

给鸽子找“对象”也称为给鸽子选配，即配对。怎样使鸽子找到满意的“配偶”呢？这就是鸽子的合理配对问题。此问题对信鸽和观赏鸽来说具有特别的意义。

（一）鸽合理选配的因素

鸽的配对有自然配对和人工配对两种情况。自然配对即自由选配有几点缺陷：一是易造成近亲繁殖，二是易导致早配，三是易导致品种、毛色、体形及体重差异，引起品种退化。而人工配对则可按照需要定向培育出优良品种，淘汰劣质性状。要做到合理选配，须注意以下几方面的因素。

1．鸽龄

鸽选配年龄以3～5岁为最佳。老雌配小雄、老雄配小雌均可。但以雌鸽大于雄鸽为上乘，雄鸽大于雌鸽为中乘，雌雄同龄为下乘。一般情况下，年龄大的雄鸽与年轻的雌鸽相配，其后代多表现为雌鸽的特点；年龄大的雌鸽与年轻的雄鸽相配，其后代多表现出雄鸽的特点。

2．体形

在选配时，体形是必须考虑的问题之一，一般长体形配短体形，重型配轻型，凸胸骨配偏胸骨。采用此异质选配方法，可以使两亲本的优缺点得到互补或改良，或能繁殖出具有新性状的个体。

3．鸽眼与眼沙

眼沙（图7-6）指鸟类眼睛内一层观感如沙的膜层，也应按异质选配的方法选配。沙眼配黄眼，粗沙配细沙，深黄配浅黄。在求爱配对中，应保持眼沙有

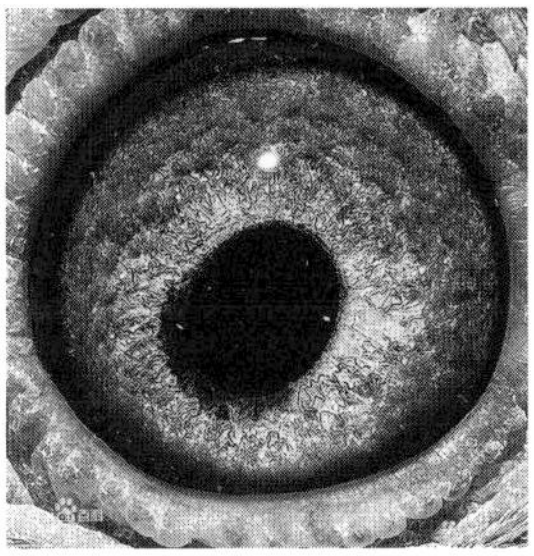

图7-6　鸽子眼沙

多层次、多色素、多种结构，既不能单一，也不能杂乱无章。

4. 羽色

如黑色配瓦灰可繁殖出浅雨点、中雨点、深雨点；深雨点配浅雨点较好；两浅色的配对，其后代不及两深色的后代好。鸽子常见羽色见图 7-7。

图 7-7 鸽子羽色

（二）配对成功的征兆

雌雄鸽配对后，如果相互满意则不争斗，雄鸽屈腿低头鼓颈，一边振翅，一边发出“咕嘟、咕嘟”的叫声，即是向雌鸽发出“求爱”的信号；而雌鸽则低头，围着雄鸽转，并且相互理羽接吻，数次以后，便相互交尾，表明配对成功。

一般情况下，配对雌雄鸽只有在达到亲密无间的状态后才发生交配行为。雌雄鸽一旦交配，便终生不渝，“白头到老”，不易拆散。配对后，如果“夫妻”其中一方由于生病或受伤等原因死去，另一方需要很长时间才能找到新配偶，或者从此独自生活，这是鸽子在繁殖上的特点。

二、鸽的难产处理

难产（又称蛋阻留）是指形成蛋虽已下行至输卵管下部，但不能顺利产出的一种病理状态，只见于产蛋雌鸽，其中过肥、体虚及初产鸽更易发生。本病的病因较为复杂，包括输卵管炎症或输卵管肿瘤引起的输卵管下段狭窄闭锁，输卵管管壁肌内张力降低或部分麻痹，血钙水平下降以致输卵管蠕动减弱，腹膜炎引起肠与输卵管的粘连，外界的突然惊吓，以及蛋形过大、畸形等。

（一）难产症状

病鸽常表现出烦躁不安，羽毛逆立，呼吸急促，尾部急速抽动，蹲坐于蛋巢内1～2 d仍不见蛋的产出。随着病情的发展，还可能出现精神不振、眼半闭或全闭、对外界反应迟钝等症状，如不及时处理，可能导致腹膜炎和气囊炎。因神经内分泌功能紊乱引起的难产，常有一定的时间性，多发于一年中的某个时期。

（二）难产防治

难产预防主要通过加强饲养管理、保持鸽的适当运动量、适当控制种鸽的体重、勿使之过肥几方面进行，同时还要注意其他疾病的预防和治疗，在产蛋期间还要避免外界的惊扰。

人工助产是治疗难产的有效方法，先将适量的植物油或液状石蜡滴入病鸽泄殖腔内，以润滑蛋、输卵管或泄殖腔的表面，并轻轻沿鸽腹由前向泄殖腔方向按摩，一般情况下滞留的蛋都能顺利产出，如一次无效，可重复几次。对非阻性的蛋滞留，每千克体重注射0.02～0.03 mg催产素，加强输卵管子宫部的收缩，促进滞留蛋的排出。若仍无效，可实行助产术，术者提前剪短指甲、洗手并做好消毒，助手将鸽适当绑定后，右手食指涂以少量的润滑油，缓慢经泄殖腔伸至输卵管后部，左手在腹部配合，缓缓将蛋向泄殖腔方向推移，使之排出。

注意事项

①雌雄鸽选定配对后，其巢房不能随便更换，以免影响种鸽的恋巢习性。种鸽熟悉巢房一般需2～3 d。在大批量配对时，巢房的开放应交替进行，以免误入和引起争斗。待前一批鸽熟悉巢房后，再开放另一批鸽的巢房，等鸽子都能自寻巢房后可全部开放。另外，肉鸽在配对上笼前应先进行“婚前检查”，检查其体重及健康状况，符合肉用标准的肉鸽，才允许配对。

②若用助产方法仍不能取出滞留蛋时，可将钝头镊子伸进泄殖腔，将滞留蛋弄破，然后用带胶管的注射器抽取蛋内容物，并清除蛋壳；随后用灭菌生理盐水反复冲洗泄殖腔2～3次。为防止继发感染，还应酌情使用3～5 d消炎抗菌药物。

任务3　鸽子的疫病防治

一、鸽舍鸽具的消毒

(一)鸽具及工作人员消毒

在鸽场工作的人员(包括饲养管理员和防疫员)及其工作器械常会被污染,因此,平时在工作结束后,尤其是在发生疫病的鸽场工作后,必须经消毒后才可离开现场,以免引起病原在更大范围内扩散。日常的消毒可采用消毒液喷洒法,直接将消毒液喷洒于工作服及帽子上,工作人员的手和皮肤裸露处及器械可用蘸有消毒液的纱布擦拭,再用水清洗。在发生疫病的鸽场,要将穿戴的工作服、帽子、手和皮肤裸露部位及器械物品在有效化学消毒液中浸泡一定时间后再用清水清洗。常用的效果较好的消毒液为0.3%～0.5%的过氧乙酸。

(二)鸽舍消毒

鸽舍消毒(图7-8)常用的消毒液有:3%来苏儿、2%～3%氢氧化钠、2%～3%石炭酸、5%～10%过氧乙酸等。消毒液的选用应在高效低价的原则下根据具体情况而定,如若发生了传染病,应选择对该种传染病的病原有效的消毒剂。配制消毒液时,要注意浓度不能太低,也不能太高。太低达不到消毒效果,太高

图7-8　鸽舍消毒

又会造成不必要的浪费。药液的用量应根据鸽舍的大小而定，通常喷洒墙壁和天花板按 0.5～1 L/m^2 计算，喷洒地面的用量一般在 1 L/m^2 左右，具体可根据地面的光滑与粗糙情况适当减少或增大用量。

二、鸽群免疫方法

鸽免疫接种方法有刺种、肌内或皮下注射接种、滴鼻点眼接种、饮水免疫及气雾免疫等 5 种。

1. 刺种

刺种就是用针头或者钢笔尖蘸取疫苗，在鸽子翅膀内侧少毛、无骨、无血管、无神经的部位刺穿皮肤的接种方法。刺种前应将接种所用的针头或钢笔尖煮沸消毒 10 min，尽量做到一鸽一针头或一支笔尖接种。

2. 肌内或皮下注射接种

肌内注射接种是用注射器在鸽的胸肌处注射疫苗或菌苗的方法。皮下注射（图 7-9）接种是用注射器将疫苗或菌苗注入皮下的方法。注射器及针头应事先煮沸消毒，注射部位用碘酒和酒精棉球消毒，每次用注射器吸取疫苗前都必须将疫苗充分摇匀。用过的注射器及针头应清洗后煮沸消毒。

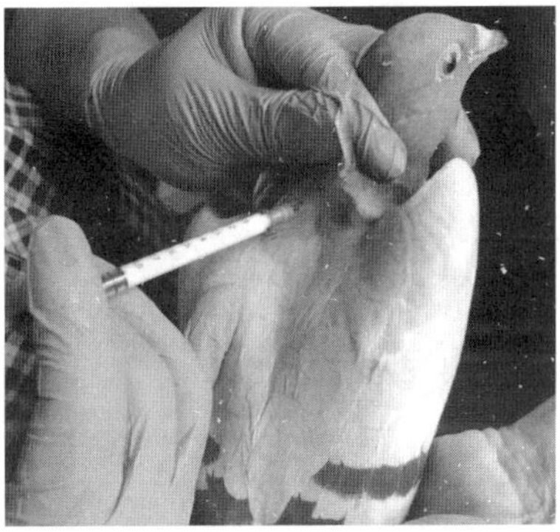

图 7-9　皮下注射

3. 滴鼻点眼接种

滴鼻点眼接种（图 7-10）是用滴管将接种液滴入鼻或眼眶内的一种接种方法。滴鼻时左手握鸽，使一个鼻孔向上，另一个鼻孔用手堵住，右手拿滴管，对准向上的鼻孔缓缓滴入，使其自然吸入。点眼时，一个助手握住两个翅膀和两条腿，点眼者左手固定鸽头，使一侧的眼睛向上，右手持塑料滴眼瓶，将疫苗滴进眼里，注意接种前要对滴管进行消毒。

图 7-10　滴鼻点眼接种

4. 饮水免疫

饮水免疫是将疫苗或菌苗按要求的浓度用水稀释后，让鸽饮水而获得免疫力的方法。饮水免疫适于大群免疫，使用方便，节省人力。稀释疫苗可用深井水或凉开水，绝不能用热开水或温水，饮水中不应含有任何使疫苗灭活的物质，如氯、锌、铜、铁等离子，此外饮水器要保持清洁干净，不可有消毒剂和洗涤剂等化学物质残留，饮水的器皿可用瓷器和无毒塑料容器。

饮水免疫前后应控制鸽子饮水和避免使用其他药物。使用饮水免疫前应提前 3～5 h 停止供水，具体停水时间长短可灵活掌握，一般在天气炎热的夏秋季节或饲喂干料时，停水时间可适当短些，在天气寒冷的冬春季节或饲喂湿料时，停水时间可适当长些，使鸽子在饮水免疫前有一定的口渴感，确保在半小时内将疫苗稀释液饮完。

5. 气雾免疫

气雾免疫(图 7-11)是用喷雾装置将疫苗或菌苗喷洒于空气中，让鸽体吸入而达到免疫效果的方法。此方法简便易行，节省人力。气雾免疫必须注意气雾粒子的大小、鸽的日龄和密度、喷雾方法等。气雾免疫适用于密集饲养的情况，一般在鸽群 25 日龄后进行效果较好，且比较安全，若鸽龄太小，气雾免疫时易引发呼吸道疾病。喷雾时，应将门窗密闭，以免雾化粒子散失。鸽的密度按每平方米容纳雏鸽 15 只左右，或青年鸽 20 只左右，或成鸽 11 只左右为宜。同时，喷枪的选择对免疫的效果也有影响，雏鸽宜选用雾滴直径在 20～50 μm 的喷枪，青年鸽、成鸽选用雾滴直径在 5～20 μm 的喷枪免疫效果较好。

图 7-11　鸽子气雾免疫

三、疫苗使用注意事项

对鸽群进行免疫接种时，不论采取哪种免疫方法，使用疫苗或菌苗时均应注意如下问题。

①要了解疫苗或菌苗运输、保藏的条件。因为疫苗或菌苗均为生物制品，若运输保藏方法不当，则可导致疫苗或菌苗变性失活，降低或丧失免疫效果。一般疫苗或菌苗应冷藏包装运输，使用单位收到疫苗后，应立即存放于 0 ℃低温环境中保存。

②无标签或者无检验号码的疫苗或菌苗不能使用，疫苗或菌苗的瓶子破裂或发霉时也不能使用。

③液体疫苗或菌苗使用前要用力摇匀。冻干疫苗应按说明书规定稀释，摇匀后使用，现配现用，剩余疫苗不能存放后再用，应立即煮沸消毒处理。

④免疫接种前要了解当地鸽群的健康状况。在鸽群内有传染病流行时，除了必要时进行相应的疫苗或菌苗紧急预防接种外，不能进行其他疫苗或菌苗的预防接种。

四、鸽病的初步诊断

鸽病的简易诊断方法可以用五个字来概括：视、触、嗅、听、剖。就是用人的感官对鸽体的健康状况进行判断、分析，对其病症做出诊断。

1.“视”即视诊

视诊包括对鸽的群体和个体进行观察。

群体检查的内容包括静观察、动观察、粪便观察及饮食观察 4 个方面。静观察是在鸽群安静状态下观察鸽体的精神状态及体态，被毛是否有异常；动观察是在静观察之后轰起鸽群进一步观察其运动、飞翔状况，对周围的反应敏感与否，有无离群独立及跛行斜走的情况。与此同时，观察鸽群的采食、饮水状况及粪便的性状有无异常。在群体观察中若发现有表现异常者，应随即剔出进行个体检查。

个体检查时，先观察鸽的头部，看其喙、鼻瘤及其他无毛部位有无苍白、发绀及痘疹等，眼、口、鼻孔内有无异常分泌物流出；再打开口腔看其黏膜是否苍白，有无充血、出血变化，口腔黏膜与喉头部位有无假膜或异物附着；然后看其胸肌、腿肌的肥瘦丰满程度，有无关节肿大、骨折等现象；最后，看其被毛是否清洁整齐，有无光泽，同时注意观察泄殖腔周围有无粪污。

2.“触”即触诊

用手触摸鸽子被检查部位的质地、软硬度。用手触摸嗉囊，感触其充实度，判断其内容物的性状；用手触摸胸肌、腿肌，感受其厚度；有时还可用手伸入泄殖腔内，触摸腹腔内器官有无肿胀、病理结节及腹膜炎等。

3.“嗅”即嗅诊

通过嗅觉来判断鸽体的分泌物及排泄物的气味是否异常。如鸽患肠炎时，其粪便恶臭；有机磷或有机氯农药中毒时，可闻到农药味。

4.“听”即听诊

通过听觉来判定鸽体的鸣叫声是否异常，呼吸时有无喘鸣或“呼噜噜”的异常声响出现。

5.“剖”即剖检诊断

为了对患鸽的病情有一个全面了解，仅在生前做临诊观察是不够的，还必须对病死鸽或重病濒死期的鸽体做剖检观察，以了解内腔器官的病变情况。剖检诊断时，应对被检鸽的心、肝、脾、肾、卵巢、腔上囊等器官做全面检查，同时要注意观察胃、肠黏膜有无异常变化。

五、鸽体剖检

（一）剖检步骤

①准备剖检器械，包括手术剪、外科手术刀及一次性刀片、外科镊子、骨钳或大剪刀、大白瓷盘、手套及口罩、消毒液等。

②准备好剖检器械后，用消毒水把被检鸽体的羽毛浸湿，将鸽子尸体仰卧平放在瓷盘内或剖检台上，切断鸽两大腿和腹壁之间的皮肤及筋膜联系，用力下压两大腿骨，至两髋关节脱臼，使两腿外展，这样尸体便可稳定地平摊于瓷盘中。

③从泄殖腔沿腹正中线向前至喙部，先拔去羽毛，再做一纵行切线，切开皮肤。

④向尸体两侧剥离皮肤，同时观察皮下结缔组织及胸肌的情况。必要时沿胸骨突两侧纵向切开胸大肌及胸小肌，以观察深部肌肉组织及肌间组织有无异常(图 7-12)。

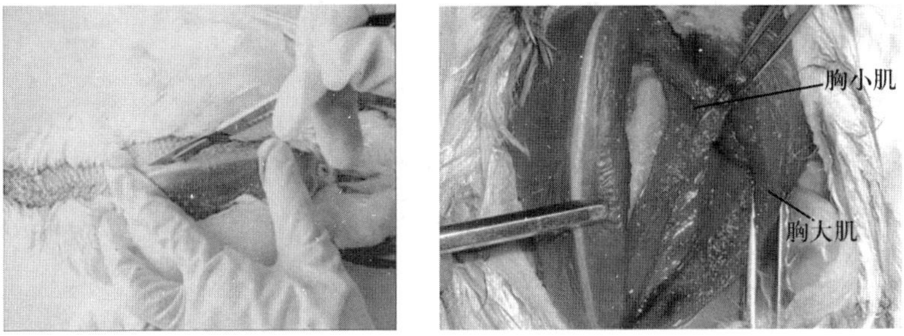

图 7-12　鸽体解剖(打开胸壁)

⑤于后腹部横向切开腹壁，并用剪刀沿此切口部两侧向前剪断肋骨、乌喙骨及胸骨，将整个胸廓向前上方掀起，将体腔完全露出。此时，应注意观察体腔内气囊、腹膜有无异常，体腔内有无渗出液等。

⑥从嗉囊后面将食道剪断，把腺胃、肌胃、肝、脾、肠等一并摘出，然后取出心脏、输卵管和卵巢，再用刀柄将嵌于肋骨间的肺及肾脏剥离出来。如图 7-13 所示。

⑦由嘴角向后剪开口腔、咽喉及食道嗉囊，摘下腔上囊，随后对上述各组织器官逐一进行检查。

(二)鸽体剖检的内容

剖检时应对病死鸽的各个组织器官进行全面检查，如口腔、咽喉、气管的变化，心脏(图 7-14)、肝、肺、脾、肾及卵巢(图 7-15)、睾丸的变化，嗉囊、腺胃、肌胃、肠、盲肠及盲肠扁桃体黏膜的变化，坐骨神经丛、气囊、腔上囊等的变化。对被检组织器官的观察内容如下。

1. 心脏

注意心包膜及心外膜是否光滑，有无充血、出血，有无渗出物及增生物黏附其上，心包液是否清亮、颜色是否正常，心脏的形状是否正常，有无心室扩张，心肌弛缓，心肌的颜色、质地是否正常，有无增生坏死或肿瘤病灶。

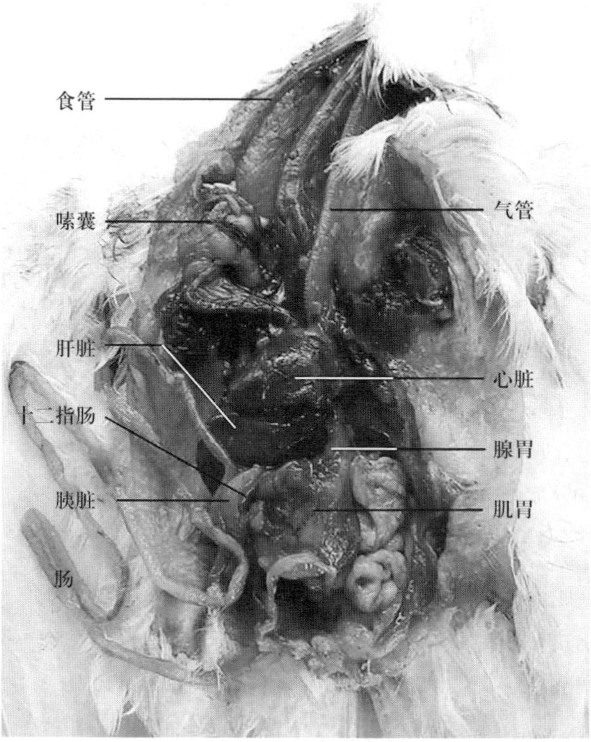

图 7-13　鸽体解剖(剥离内脏)

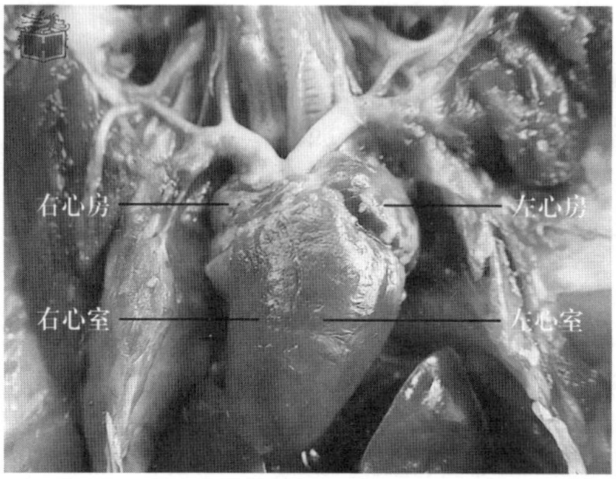

图 7-14　鸽体心脏解剖

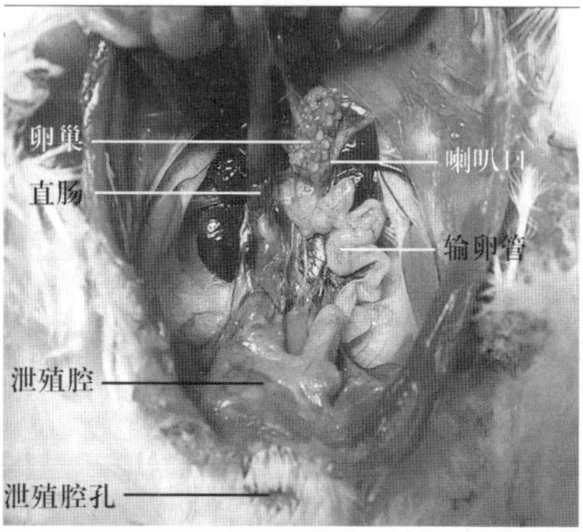

图 7-15　鸽体卵巢解剖

2. 脾

观察其颜色、大小是否异常，表面有无灰白或灰黄色结节病灶，切面是否外翻等。

3. 肝

应注意观察其被膜、色泽、形状大小及软硬度有无异常，胆囊是否肿大，胆汁性状如何，切开观察其切面是否外翻，实质有无病变如坏死灶、肿瘤结节等。

4. 卵巢和睾丸

应注意观察有无肿胀变形、变色、变硬等。对产蛋鸽应注意观察其卵黄是否圆滑，卵黄膜的色泽是否异常。公鸽应注意其睾丸、输精管有无异常。

5. 肺和肾

检查肺时应注意其颜色、质地是否异常，有无气肿、水肿，有无黄白色或灰白色结节等。检查肾时应注意其颜色变化，是否有肿胀，有无增生或坏死性结节，输尿管内有无尿酸盐沉积等。

6. 呼吸系统及上消化道

呼吸系统(图 7-16)的检查包括鼻腔黏膜的色泽，鼻窦内有无渗出物，咽喉部黏膜有无充血、出血、渗出物及异物附着，气管黏膜有无充血、出血，管腔内有无渗出物；检查鼻腔时，应用剪刀从鼻瘤处将鼻腔横向剪开，然后观察。上部消化道的检查内容有：口腔、食管及嗉囊黏膜的颜色是否异常，有无渗出、坏死及溃疡等变化，嗉囊内容物的性状如何。

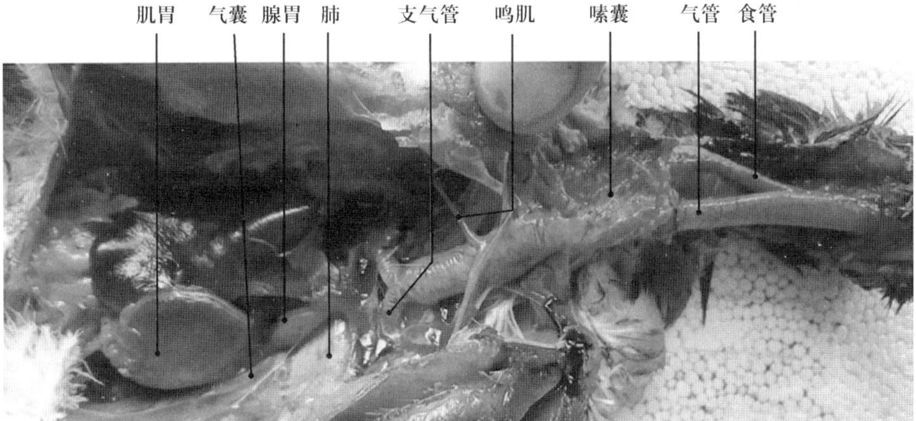

图 7-16　鸽体呼吸道及上消化道解剖

7. 胃

应注意检查胃、肌胃黏膜有无异常(图 7-17),特别是腺胃乳头有无出血、溃疡,胃壁是否增厚肿胀。肌胃的检查需要剥去角质层后,观察有无出血、溃疡等变化。

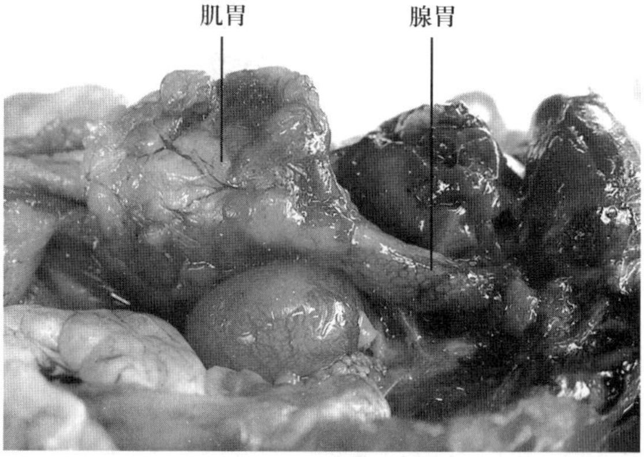

图 7-17　鸽胃解剖

8. 肠道

注意观察肠系膜及浆膜有无充血、出血、结节,剪开肠管观察其黏膜是否有充血、出血、溃疡、坏死等变化,肠内容物的性状是否异常,特别要注意盲肠及盲肠扁桃体的变化。另外,还应对腔上囊进行观察,看其黏膜皱褶的结构是否正常,有无出血、坏死等病变,囊内有无渗出液等。

注意事项

(1)消毒时间:消毒的时间不能太短,尤其采用气雾消毒方法时更应注意,应按照规定的药物浓度、用量及作用时间来进行。在应用烧碱等腐蚀性强的消毒剂时,消毒 2 h 后要用清水将碱液洗净,以免烧伤鸽爪。

(2)气雾免疫注意事项:进行气雾免疫时,要注意喷枪的主气流不能对着鸽体,而应使喷枪的主气流平行于鸽头部上方 10～50 cm 处上下左右喷射。可以驱赶鸽群,使鸽只吸入均匀。喷后使鸽在气雾室内停留 5～10 min,然后再打开门窗通气。气雾免疫应在黎明、傍晚或阴天多云时进行。

(3)疫苗的保存期限:各种疫苗的具体规格不同,温度不同,保存的时间也不同。凡是超过了相应温度下的规定保存时间的疫苗，都不能使用。经过长时间日光照射或冻结后的氢氧化铝菌苗，也不能使用。

(4)在进行尸体剖检时应注意以下几点。

①尸体剖检工作应在鸽死后尽早进行，死亡时间过长，易引起尸体腐败、自溶，影响观察和诊断，尤其在炎热的夏天更应注意。

②在室内剖检时，应在光亮充足、上下水方便、地面光滑、易于清洗的房间内进行，同时应注意避开健康群体。在室外剖检时应注意远离村舍、鸽舍、水井等。

③最好在瓷盘内进行剖检，若无瓷盘，应该用席子或干草等垫在地上，以便事后清理和消毒。

④最好在剖检前准备些消毒药液，如来苏儿、石炭酸等，以便剖检完毕对器械等进行消毒。

⑤运送尸体应用不漏水的容器，如塑料袋或瓷盘等，以免分泌物外流，散布病原，污染环境。死于传染病的尸体，应与污染的垫草和土一起深埋或烧毁。尤其对某些患烈性传染病的尸体处理更应慎重，深埋的坑深须达 2 m 以上。坑挖好后，将尸体、污物放入坑内，上面撒一层石灰，先把四周污染的泥土放入坑内，再填净土。处理完毕后，工作人员的手、工作服及工具应进行消毒。

参考文献

[1] 熊家军．高效养肉鸽[M]. 北京：机械工业出版社，2014.

[2] 魏刚才，余燕．肉鸽安全高效生产技术[M]. 北京：化学工业出版社，2012.

[3] 卜柱，赵宝华．图说高效养肉鸽关键技术[M]. 北京：金盾出版社，2012.

[4] 熊家军．肉鸽养殖新技术[M]. 武汉：湖北科学技术出版社，2011.

[5] 陈益填．肉鸽养殖新技术[M]. 2版．北京：金盾出版社，2011.

[6] 韩庆．优质肉鸽高效健康养殖新技术[M]. 长沙：湖南师范大学出版社，2011.

[7] 侯广田，方光新．肉鸽无公害饲养综合技术[M]. 北京：中国农业出版社，2003.

[8] 丁卫星．专业户肉用鸽养殖手册[M]. 北京：中国农业出版社，2003.

[9] 邓瑞广．怎样办好一个肉鸽养殖场[M]. 北京：中国农业出版社，2003.

[10] 王建国．肉鸽养殖[M]. 北京：中国农业科学技术出版社，2002.

[11] 张振兴．肉鸽饲养与疾病防治大全[M]. 北京：中国农业出版社，2002.